Stefan Bleicher

Einführung von Controlling mit der neuen Methode 'Rapid Implementing'

Diplomica Verlag GmbH

Bleicher, Stefan: Einführung von Controlling mit der neuen Methode 'Rapid Implementing'. Hamburg, Diplomica Verlag GmbH 2013

Buch-ISBN: 978-3-8428-9748-9
PDF-eBook-ISBN: 978-3-8428-4748-4
Druck/Herstellung: Diplomica® Verlag GmbH, Hamburg, 2013

Bibliografische Information der Deutschen Nationalbibliothek:
Die Deutsche Nationalbibliothek verzeichnet diese Publikation in der Deutschen Nationalbibliografie; detaillierte bibliografische Daten sind im Internet über http://dnb.d-nb.de abrufbar.

Hermannstal 119k, 22119 Hamburg
http://www.diplomica-verlag.de, Hamburg 2013
Printed in Germany

Inhaltsverzeichnis

1. Abbildungsverzeichnis

2. Abkürzungsverzeichnis

bzw.	beziehungsweise
ca.	circa
DBU	Deckungsbeitrag vom Umsatz
d.h.	das heißt
DV	Datenverarbeitung
EDV	elektronische Datenverarbeitung
ERP	Enterprise Resource Planning
ETL	Extract Transform Load
FdZ	Führung durch Ziele
h	Maßeinheit für Stunde
inkl.	inklusive
MbO	Management by Objectives
MEUR	Millionen Euro
MIS	Management Information System
MS	Microsoft
ODBC	Open Database Connectivity
USP	unique selling proposition

3. Einleitung

„Planung bedeutet, den Zufall durch den Irrtum zu ersetzen.“ [1]

... kann sein, aber:

Aus einem Irrtum kann man lernen, aber aus Zufällen nicht.

Ob dieses bekannte Zitat stimmt oder nicht, soll der Leser entscheiden, aber vor allem wirkt es äußerst provozierend und regt zum Nachdenken an, womit es den Zweck erfüllt. Denn wie der Titel von diesem Buch vermuten lässt, wird das Thema Controlling genauer behandelt, was eng mit der Planung verknüpft ist. Allerdings sollte dem Leser über die Sinnhaftigkeit der Planung nach dem letzten Kapitel eine bessere Antwort einfallen, als obiger Spruch.

Zur Begriffserklärung des Controllings gibt es in der Literatur leider sehr viele verschiedene Ansätze, weshalb wir uns nur auf wenige Ansätze beschränken werden. Denn das Hauptaugenmerk legen wir nicht auf die Definition und Gliederung von Controlling-Begriffen, sondern auf die praxisbezogene Einführung des Controllings. Dabei wird bewusst auf literarische Ausschweifungen verzichtet, um Platz für völlig neue Ansätze in der Einführungsphase zu schaffen. Vieles beruht dabei auf dem Fundament praktischer Erfahrungen und Konzentration auf das Wesentliche, womit wir in einigen Themen auch völliges Neuland beschreiten werden.

Mit der neuen Methode „Rapid Implementing“, die in diesem Buch zum ersten Mal beschrieben wird, sollen hohe Kosten und Risikofaktoren gerade in der Einführungsphase vermieden werden. Dies geschieht zum einen durch eine drastische zeitliche Reduktion und zum anderen durch die Gewährleistung von qualitativ guten Ergebnissen. Mit dieser Methode sollte es durchaus möglich sein, die Gesamtkosten um bis zu 80% reduzieren zu können.

---

[1] Autor: unbekannt

3.1 Ausgangssituation

Prinzipiell ist das beschriebene Beispiel für alle mittelständischen produzierenden Unternehmen von Nutzen. Um aber den Inhalt greifbarer zu machen, wird von folgendem realitätsnahen Unternehmen ausgegangen:

3.1.1 Das Unternehmen

Geschichte:

Das Unternehmen ist in der Elektronikbranche tätig und kann auf ein 30-jähriges Bestehen zurückblicken und ist immer noch im Besitz des Firmengründers. In den Anfängen der Firma wurde alles Mögliche entwickelt und produziert, was vielversprechend war. In der Zwischenzeit konnte man einen lukrativen Kunden gewinnen, mit dem man die ersten Jahre stetig wachsen konnte. Es wurden mittlerweile über 100 Mitarbeiter beschäftigt, die kollegial geführt werden. Alle Fäden liefen beim Inhaber zusammen, und auch die Schlagworte wie „Lean Production" fanden ihren Niederschlag in der Organisations-Struktur. Mit einer neuen Steuerungsgeneration konnte der internationale Durchbruch erreicht werden, was sich in einem rasanten Wachstum der letzten Jahre bemerkbar gemacht hatte. Die Mitarbeiteranzahl hatte sich in dieser Zeit von 120 auf 360 Mitarbeiter verdreifacht, was sich in ständigen Anpassungen der Organisationsstruktur niedergeschlagen hat. Organisatorische Schwachstellen waren dabei die logische Schlussfolgerung, welche durch Mehreinsatz der Mitarbeiter so gut wie möglich ausgeglichen wurden. Aktuell wird die Phase des jahrelangen „Reagierens" verlassen, und man ist nun bestrebt, die Zukunft aktiv zu planen.

Aktuelle Organisationsstruktur:

Die Firma ist ca. zu einem Drittel ein Ingenieurbüro, das damit beschäftigt ist, mit Neuentwicklungen das Produktportfolio zu erweitern. Ein Drittel der Mitarbeiter ist in der Produktion beschäftigt, wo so viel wie möglich im Haus selbst hergestellt wird, um die hohe Produktqualität gewährleisten zu können. Der Vertrieb, die Außendienstmitarbeiter und die Verwaltung vervollständigen die restliche Mannschaft. Die nachstehende Grafik soll einen groben Überblick der aktuellen Organisationsstruktur verschaffen:

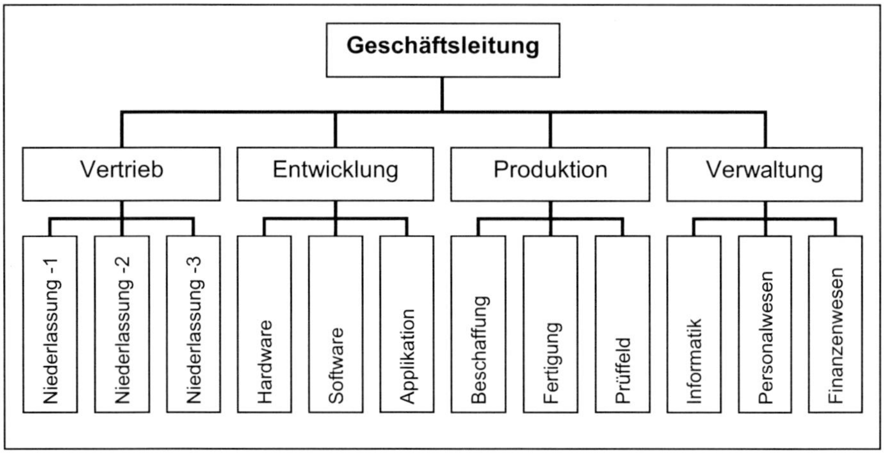

Abb. 1) Organisations-Struktur

Produkt-Portfolio:

In den letzten 10 Jahren wurde ein Steuerungskonzept entwickelt und umgesetzt, das sich auf dem Markt sehr bewährt hat. Es ist modular aufgebaut und lässt sich somit kundenspezifisch zusammenstellen. Die Produktpalette wird ständig modulweise erweitert oder technologisch angepasst. Um Komplettlösungen anbieten zu können, wurde das Know-how für Industrie-PCs ständig verbessert, womit mittlerweile kundenspezifische Visualisierungsgeräte in höchster Zuverlässigkeit hergestellt werden. Verbunden mit der Entwicklung von Applikationsprogrammen (anwendungsspezifische Software) wird das Portfolio eines Systemlieferanten abgerundet, um als vollständiger Partner von Systemlösungen im Markt bestehen zu können.

Kundenbeziehung:

In der Regel dauert es ungefähr mehr als ein Jahr vom Erstkontakt des Kunden bis zur ersten Serienlieferung. Bis dahin wird gemeinsam das Konzept ausgearbeitet, die offenen Kundenwünsche werden realisiert und die Applikation wird programmiert und getestet. Die Kundenbeziehung selbst ist sehr partnerschaftlich aufgebaut und überdauert zumeist Jahrzehnte.

Fertigung:

In der Produktion erfolgt die Herstellung der Steuerungsmodule als Serienfertiger, wo die kundenspezifischen Steuerungssysteme erst kurz vor der Auslieferung kommissioniert werden. Demgegenüber werden die Bestellungen von Industrie-PCs als Auftragsfertigung abgewickelt, wobei auch hier auf modulare Bauweise gesetzt wird, um eine größtmögliche Massenfertigung zu erzielen.

Produktionsplanung:

Als äußerst schwieriges Vorhaben stellt sich der Beschaffungsmarkt in der Elektronikbranche dar, wo Wiederbeschaffungszeiten von einem halben Jahr keine Seltenheit darstellen. Diese Herausforderungen können nur insofern gemeistert werden, indem eine rollierende Absatz- und Produktionsplanung vollzogen wird. Größere Schwankungen im Kunden-Bestellverhalten werden über höhere Lagerbestände ausgeglichen. Aber auch im Zuge der Finanzkrise traten dadurch akut unfreiwillig hohe Lagerbestände aufgrund mangelnder Auftragsvolumen auf. Trotz alledem ist der Kunde eine Lieferzeit von ein bis zwei Wochen gewöhnt, was auch in Zukunft eine große Herausforderung darstellen wird.

Marketing:

Die Hauptdrehscheiben von Neukunden stellen internationale Messen dar, wo auch regelmäßig ausgestellt wird. Da die Kundennachfragen hier generell sehr hoch sind, kennt man mühevolle Akquirierungstätigkeiten eher weniger. Hinsichtlich der Lenkung des Produkt-Portfolios spielt der aktuelle Kundenwunsch die zentrale Rolle, wobei weitere Einsatzgebiete und Absatzmärkte nicht zwingend abgeklärt werden. Betrachtet man dabei alle Faktoren zusammen, so ist das Unternehmen nicht sehr aggressiv auf dem Markt tätig, und es ist nicht sehr verwunderlich, wenn strategische Gedanken nur sehr grob verankert sind.

3.1.2 Die Strategie

Die Geschäftsleitung hat zwar eine Unternehmens-Strategie definiert, die zum Teil jährlich angepasst wird, aber sie konzentriert sich im Wesentlichen nur auf finanzielle Jahresziele. Allgemein ist man der Meinung, dass nur durch diesen selbst definierten großen Freiraum die Möglichkeit geschaffen werden kann, die Kundenbedürfnisse befriedigen zu können. Das ist auch das Alleinstellungsmerkmal (unique selling proposition USP) der Firma, welches sich seit Jahrzehnten bewährt hat.

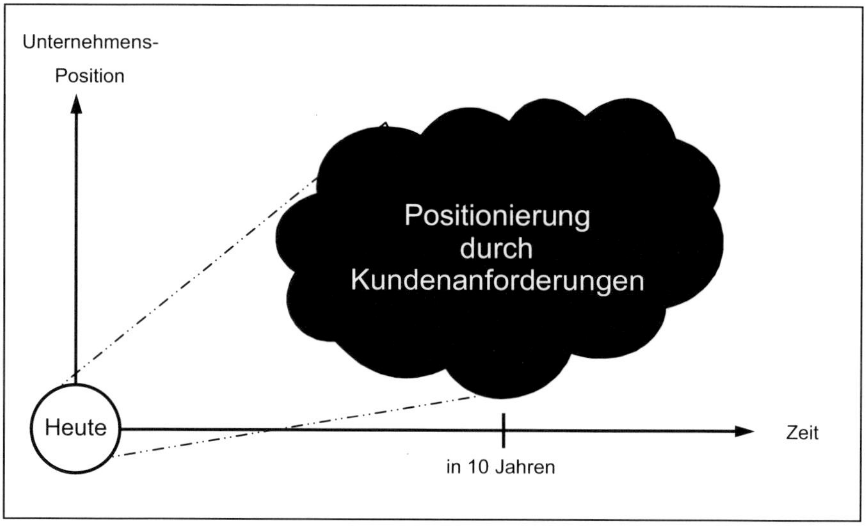

Abb. 2) Aktuelle Unternehmensstrategie

Diese Strategie klingt sehr einfach und sicher und funktioniert, solange ausreichende Finanzreserven für die hohen Entwicklungskosten der daraus resultierenden Produktvielfalt verfügbar sind. Zudem erfordert diese Strategie auch eine hohe Bandbreite an Fachwissen in allen Bereichen, womit automatisch vermehrt Spezialisten-Gruppen entstehen, deren Koordination nicht nur hohe Ansprüche erfordert, sondern auch kostenintensiv ist.

Leicht zu erkennen ist in der obigen Grafik der immer breiter werdende Weg ins nächste Jahrzehnt, wo momentan nur der Weg fürs nächste Jahr gedanklich platziert werden kann.

3.1.3 Die Kalkulation

Mit dem Stichwort Kalkulation wird hier näher auf die bestehende Verkaufspreisbildung und die Funktion der Buchhaltung eingegangen.
Seit jeher war der Geschäftsinhaber persönlich für die Preisbildung verantwortlich und übt diese auch eigenständig aus. Dazu werden vom EDV-System die gewünschten Daten extrahiert, um sie anschließend in unterschiedlichen Tabellenkalkulationen zu importieren. Im Lauf der Jahre ist dadurch ein komplexes Kalkulations-Instrument entstanden, womit durch eine Vielzahl von Parametern die kundenspezifische Situationen erfasst und die markterforderlichen Preise berechnet werden können.

Die Buchhaltung führte bis vor kurzem eher ein Schattendasein, was sich seit der Einführung eines neuen EDV-Systems verbessert hat. Aber abgesehen von monatlichen Berichten über ein paar Finanzkennzahlen, liegt das Hauptaugenmerk auf dem Jahresabschluss.

Im Allgemeinen war man mit der Situation sehr zufrieden, da die Auftragsbücher voll waren. Doch leider schwankt der Absatz von wichtiger Hauptkunden in größeren Maßstäben und längeren Zeiträumen, was das Unternehmen vor völlig neue Herausforderungen stellt.

3.2 Problemstellung

Salopp ausgedrückt befindet sich das Unternehmen aktuell in großer Aufbruchsstimmung, aber man weiß nicht genau, wo man sich derzeit befindet und wohin man aufbrechen soll. Um einen kurzen Eindruck zur Situation zu vermitteln, werden dazu einige Eckpunkte bewusst überspitzt aufgelistet:

- Die Geschäftsleitung versucht Eigeninitiativen zu zeigen, die sich aber nicht unbedingt mit den Interessen des Geschäftsinhabers decken.
- Der Außendienst akquiriert fleißig Kunden, weiß aber nicht, wie lange diese Branche im Fokus des Unternehmens steht.
- Die Vertriebsleitung sieht die Bestrebungen der Außendienstmitarbeiter, es fällt aber schwer, deren Qualitäten zu beurteilen.
- Die planende Stelle der Absatzplanung trägt keine Verantwortung für deren Planungsqualität, da sie lediglich als Informationsträger des Außendienstes dient.
- Das Produktmanagement hat größere Schwierigkeiten, die nächste Steuerungsgeneration zu entwickeln, da die zukünftigen Anforderungen sehr grob spezifiziert sind. Dies bedingt eine multifunktionale Hard- und Software, was sich nicht nur in hohen Entwicklungskosten, sondern auch in erhöhten Herstellkosten niederschlagen wird.
- Bei der Entwicklungsabteilung führt der großzügige Freiraum dazu, dass mitunter die finalen Ergebnisse nicht dem ursprünglichen Pflichtenheft entsprechen.
- Die Projekt-Leitung trägt nicht die Kostenverantwortung des Projekts und sieht sich eher als technischer Berater und Terminjäger.
- Die Produktion kämpft mit der dauernd veränderten Absatzplanung, deren kurze Vorlaufzeit praktisch eine entsprechende Reaktion in der Fertigung unmöglich macht.
- Der Einkauf verpufft zum Teil viel Zeit und Geld durch Ad-hoc-Einkäufe aufgrund der aktuellen Planungssituation.

- Die Preisfindung beruht auf Schätzungen einer entwicklungsnahen Abteilung bereits in der Anfangsphase des Projekts, wo Herstellkosten und Absatzmengen zumeist Idealvorstellungen entsprechen, damit das Projekt auch umgesetzt wird.
- Kennzahlen stehen generell nur sehr dürftig zur Verfügung und werden zumeist vor Ort und sehr individuell in einer Tabellenkalkulation berechnet und dargestellt.

Es scheint geradezu so, als ob das Unternehmen aus der Sichtweise von Geschäftsprozessen aus vielen Sackgassen besteht, die nicht oder nur sehr dünn miteinander verbunden sind. Diese Situation konnten auch die bisherigen externen Beratungsunternehmen nicht wesentlich verbessern. So versucht jeder sein Möglichstes und seine Interessen auf seine Weise und in seine Richtung umzusetzen.

Der erste Schritt der Selbsterkenntnis ist zwar erreicht, aber die Lösung ist noch nicht in Sicht. Der zweite Schritt wäre die Beantwortung folgender Frage:

Was müsste man tun, um für die zukünftigen Herausforderungen gerüstet zu sein?

3.3 Zielstellung

Ziel ist im eigentlichen Sinn, die zuletzt gestellte Frage ganz klar zu beantworten, eine zugehörige Anleitung zu liefern und zudem einen Mehrwert zu schaffen.
Wie soll das funktionieren?

3.3.1 Der Weg zur Zielstellung

Betriebswirtschaftlich betrachtet, ist anhand der bisherigen Ausführungen erkennbar, dass die großen Freiheiten in allen Bereichen nicht nur Vorteile bieten, sondern vor allem auch große Gefahren in sich bergen. Aber es wäre alles viel einfacher, wenn

- man wüsste, was die Kunden in Zukunft kaufen würden
- man jene Branche finden würde, die das nächste Jahrzehnt sichert
- man genau diejenigen Produkte hätte, um konkurrenzfähig zu sein
- die Entwicklungs-Projekte wie geplant verlaufen würden
- sämtliche Abteilungen an einem Strick ziehen würden
- schon zu Jahresbeginn das Jahresendergebnis gesichert wäre
- der Absatzplan mit der Ist-Situation übereinstimmen würde
- jene Produkte am Lager wären, die der Markt auch benötigt

... so der bisherige Tenor des Managements.

Das wäre alles zu schön, um wahr zu sein? Diese Situation kann man nicht so einfach verbessern. Diese Studie wird sich nicht nur diesen ehrgeizigen Zielen stellen, sondern auch einen Weg beschreiben, der zudem noch höchst effizient ist. Dabei müsste eigentlich die zentrale und zugleich lösbare Frage lauten:

Welche Voraussetzungen müssten geschaffen werden, um das Unternehmen in eine gesicherte Zukunft lenken zu können?

Die Lösung dieser Fragen liegt in der Verantwortung des Managements, und wenn an dieser Stelle Fehlentscheidungen getroffen werden, steht sehr schnell die Existenz des gesamten Unternehmens auf dem Spiel! Und genau an dieser Stelle kommt das Controlling ins Rennen.

„To control“ bedeutet steuern, lenken, beeinflussen, und Controlling setzt sich mit dem Unter-Kontrolle-Halten auseinander, und das bedeutet nichts weiter als das Wahrnehmen von Führungstätigkeiten.

Um zukünftige Missverständnisse zu vermeiden, müssen vorab schon drei Begriffe kurz erklärt werden:

Führungskräfte selbst betreiben das **Controlling**.
Der **Controller** unterstützt die Führungskräfte beim Controlling.
Controller Services nennt sich die Abteilung, der die Controller zugehören.

Selbstverständlich gibt es in der Literatur unterschiedliche Auffassungen zu diesen Begriffen, die haben aber hier keine Relevanz. Wichtig dabei ist nur, dass die Begrifflichkeiten in diesem Skript mit derselben Deutung verstanden werden.
Wenn also die Führungskräfte entscheidungsfähiger werden sollen, dann muss eine neue Abteilung „Controller Services“ eingeführt werden. Wie soll das gehen?

3.3.2 Die Definition der Zielstellung

Das Ziel dieser Studie ist die Beschreibung der erfolgreichen Implementierung von Controlling inklusive einer neuen Abteilung „Controller Services“. Dabei soll mit der selbst entwickelten Methode „Rapid Implementing“ die Einführungsdauer auf 1/5 reduziert und trotzdem ein Umfang von 80% erreicht werden. Das heißt konkret, dass nach zehn Wochen das Controlling eingeführt sein soll, wobei das Projektteam mit nur 4 Stunden je Wochen belastet werden darf (Projektleitung ausgenommen).

<u>Wesentliche Gliederung der Studie:</u>

- Begrifflichkeiten
- Erklärung der Funktionsweise von „Rapid Implementing“
- Vorbereitungen
- Voraussetzungen
- Positionierung der neuen Abteilung
- Aufstellung eines Terminplanes
- Entwicklung einer Unternehmensstrategie
- Erstellen eines individuellen Kennzahlensystems
- Aufbau eines „Management Information Systems“
- Aufbau eines internen Berichtswesens

Schlussendlich soll der Nutzen für das Unternehmen in einem zielorientierten Bewusstsein der Mitarbeiter münden, wo ausnahmslos jedes Handeln der Erreichung der Unternehmens-Strategie dienen soll. Damit werden nicht nur im Alltagsjob mehr Sinn und somit auch mehr Motivation vermittelt, sondern die Firma wird dadurch wesentlich effizienter.
Auch die Geschäftsleitung erhält durch die Festlegung einer langfristigen Strategie ein „Führungsseil", an dem sie sich hochziehen kann, womit sie nicht erst nach dem Weg nach oben fragen muss.

Folgende Grafik soll die neue Situation verdeutlichen, wo die Effizienz im schmalen Korridor zum langfristig gesetzten Ziel liegt.

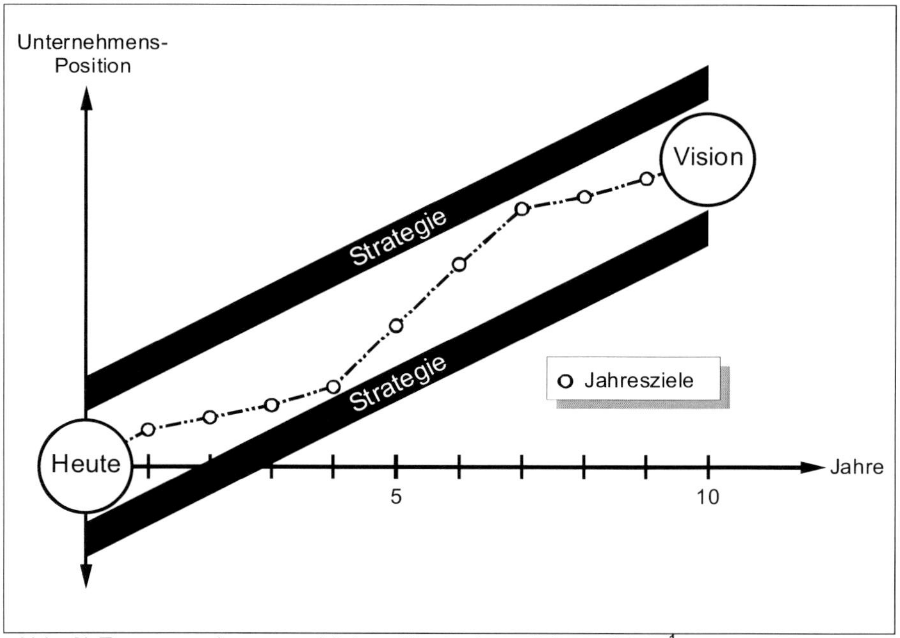

Abb. 3) Zusammenhang von Vision, Strategie u. Jahreszielen [1]

Ein wesentlicher Bestandteil der erfolgreichen Einführung ist die neue Methode „Rapid Implementing", weshalb sie in einem separaten Kapitel genauer beschrieben wird.

[1] vgl. Gausemeier / Fink /Schlake, Szenario-Management S. 48

3.4 Abgrenzung

In diesem Kapitel wird beschrieben, was nicht Bestandteil dieser Studie sein wird. Da die Buchhaltung und das Rechnungswesen bereits fix im Unternehmen verankert sind, wird die neue Abteilung Controller Services nicht, wie sonst üblich, die Hauptverantwortung für die Finanzbuchhaltung und das Rechnungswesen übernehmen. Das bedeutet, dass die Themen der Finanzbuchhaltung und des Rechnungswesens nicht behandelt werden.

Abgrenzung zum Cash Management

Das Cash Management (Treasurer) ist ebenfalls nicht Bestandteil dieser Studie, und es wird deshalb nicht darauf eingegangen.

Abgrenzung zur internen Revision

Obwohl in den USA diese Aufgabe dem Controllerbereich zugeschrieben wird, ist diese Regelung im deutschsprachigen Raum nicht üblich, da aufgrund der Eigenverantwortung für die Systeme und Verfahren eine Selbstprüfung vorliegen würde.

Abgrenzung zur Informatik

Der Controller selbst ist nicht verantwortlich für den Bereich Informatik, womit wir uns nicht direkt mit diesem Thema beschäftigen werden. Trotzdem wird es ein paar Tipps in diese Richtung geben, wenn diesbezüglich gesammelte Erfahrungen als zweckdienlich erachtet werden.

Abgrenzung zu Marketing und Marktforschung

Es bestehen viele Schnittstellen seitens des Rechnungswesens zum Marketing, wie Planung und Kontrolle von Absatz, Umsatz und Deckungsbeiträgen. Die Beschränkung dieser Studie liegt dabei bei der Bereitstellung der erforderlichen Tools für das Marketing.

3.5 Vorgehensweise und Aufbau

Ein wichtiger Punkt für den Erfolg dieser Studie ist, dass der Leser und der Autor dasselbe Verständnis des Inhalts haben. Deshalb werden zu Beginn wichtige Begrifflichkeiten genauer erklärt.

Als nächstes wird die neue Methode „Rapid Implementing“ beschrieben, deren Innovation ein wesentlicher Beitrag für die erfolgreiche Einführung der Abteilung Controller Services ist.

Danach erfolgt die Beschreibung des Einführungs-Szenario selbst, wobei darauf geachtet wird, dass nur das wesentlichste Wissen vermittelt und auf literarische Ausschweifungen verzichtet wird. Es folgt dabei eine praxisnahe Schritt-für-Schritt-Anleitung, die zum gewünschten Erfolg führt.
Wichtig dabei ist die Überzeugung der Geschäftsleitung und wie die neue Abteilung positioniert und bekannt gemacht wird. Eine Kernaussage dabei lautet:

Der Controller ist kein Kontrolleur, sondern ein interner Dienstleister!

Nicht ganz irrelevant werden die Schnittstellen zur Finanzbuchhaltung und zum Rechnungswesen sein, wo auf Kalkulation und Preisfindung noch näher eingegangen wird.
Nachdem die Positionierung im Unternehmen geklärt, das Aufgabengebiet definiert und eine Stellenbeschreibung festgehalten wurde, kann mit der Fixierung der Unternehmensstrategie begonnen werden. Parallel dazu wird das Führungssystem „Führen mit Zielen“ beschrieben und eine Anleitung zur Einführung übermittelt. Damit ist der Grundstein für die Entwicklung des unternehmensspezifischen Kennzahlensystems gelegt, was schlussendlich in der Darstellung von Führungscockpits und Berichten an die Geschäftsleitung endet.
Zu guter Letzt folgen eine Zusammenfassung und daraus resultierende Schlussfolgerungen dieser Studie.

4. Begrifflichkeiten

4.1 Controlling, Controller, Controller Services

Controlling stammt von „to control“, was so viel übersetzt bedeutet wie: steuern, lenken, führen, überwachen oder Unter-Kontrolle-Halten. Das sind allesamt Aufgaben einer Führungskraft. Mit der nachfolgenden Grafik soll veranschaulicht werden, welcher Steuerungskreislauf durch das Betreiben von Controlling entsteht:

- **Entscheiden** und Maßnahmen bestimmen
- **Ausführen** laut Sollvorgaben
- **Kontrollieren** mit Soll-Ist-Vergleich

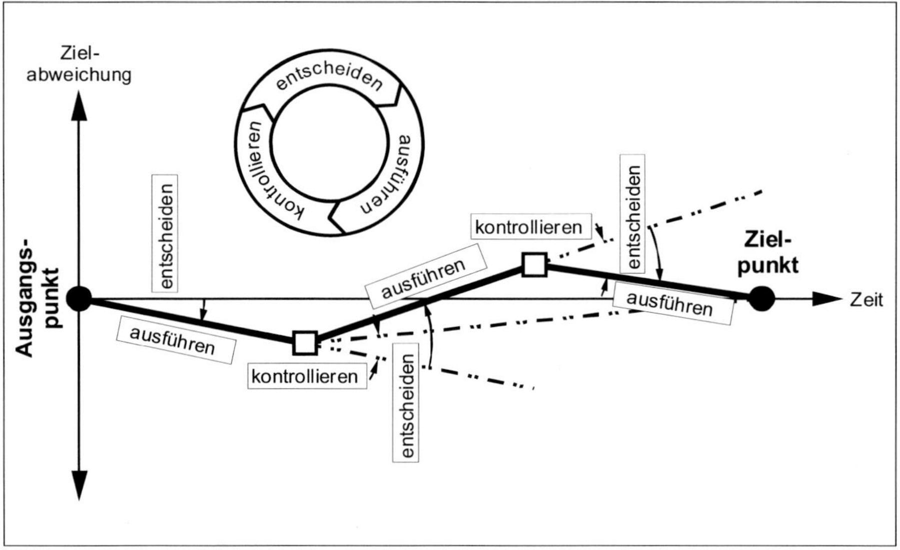

Abb. 4) Steuerungskreislauf des Controllings

„**Controlling** ist die Managementaufgabe, die nur Manager übernehmen können.
Controller sind Personen, die Managern helfen, ihrer Controlling-Aufgabe nachzukommen.
Controller-Services nennt sich die Abteilung, in der die Controller arbeiten und die Managementunterstützung betreiben.“ [1]

[1] Siegwart, Rieder, Controller-Leitfaden, Teil 2 Kapitel 3 Seite 4

4.2 Arten von Kennzahlen

Informations-Kennzahlen

Darunter versteht man hochverdichtete Unternehmenskennzahlen zur Information des Führungs-Management. Damit werden auch Branchenvergleiche durchgeführt, welche unter Umständen eine Unternehmensstrategie einleiten beziehungsweise korrigieren.

Beispielhafte Erfolgs- und Bilanzkennzahlen:

- Return on Investment (= Umsatzrentabilität x Umschlagshäufigkeit)
- Anlagendeckungsgrad (= Eigenkapital/Anlagevermögen)
- Eigenkapitalrendite (= Jahresüberschuss / Eigenkapital)
- Verschuldungsgrad (= Fremdkapital / Eigenkapital)

Beispielhafte Liquiditätskennzahlen:

- Cash-Flow (= Einnahmen – Ausgaben pro Periode)
- Forderungsumschlag (= Offene Forderungen / Umsatz x 360 Tage)
- Liquiditätsgrad (= Umlaufvermögen / kurzfristige Verbindlichkeiten)

Beispielhafte Produktionskennzahlen:

- Materialaufwandquote (= Materialaufwand / Umsatz)
- Personalaufwandsquote (= Personalaufwand / Umsatz)
- Lagerumschlagshäufigkeit (= Absatz / durchschnittlicher Lagerbestand)

Beispielhafte Kennzahlen der Personalwirtschaft:

- Beschäftigungsgrad (= IST-Beschäftigung / PLAN-Beschäftigung)
- Fluktuationsrate (= Personalabgänge / durchschnittlicher Personalstand)

Beispielhafte Kennzahlen von Marketing und Vertrieb

- Absoluter Marktanteil (= eigener Marktanteil / Marktvolumen)
- Auftragsreichweite (=Auftragsbestand / Umsatz der letzten 12 Monate x 360)

Steuerungs-Kennzahlen

Wie der Name schon sagt, werden damit einzelne Unternehmensbereiche gesteuert. Diese Steuerungskennzahlen helfen den einzelnen Entscheidungsträgern, ihre persönlichen Jahresziele zu überwachen und sind deshalb wichtige Hilfsmittel für deren Zielerreichung. Basis für die Erarbeitung solcher Kennzahlen sind in der Regel die jährlichen Zielvereinbarungsgespräche, bei denen auch die Art der Messung der Zielerreichungsgrade definiert wird. Da diese Prozesse höchst individuell sind, ist eine Standardisierung solcher Steuergrößen nicht zielführend. Wichtig bei der Definition sind allerdings die einfache Aussagekraft der Kennzahl und die Anwendbarkeit auf das Tagesgeschäft. Eine ausschließliche Fixierung auf eine Jahreskennzahl hat für den Anwender im beruflichen Alltag keinen steuernden Einfluss.

Frühwarn-Kennzahlen

Diese Kennzahlen treten idealerweise zusammen mit den Steuergrößen auf und sollen frühzeitig auf störende Veränderungen aufmerksam machen, welche die zugehörige Zielerreichung gefährden. Damit wird das Unternehmensrisiko minimiert, indem die Reaktionszeit verlängert wird. Eine typische Frühwarnkennzahl ist das Auftragseingangsvolumen pro Periode, welche vor einem drohenden Umsatzeinbruch warnen könnte.

5. Rapid Implementing

„Rapid Implementing" ist eine neue Methode, die sich der effizienten Umsetzung von Einführungs-Projekten widmet. Der Begriff und die Methode stammen vom Autor selbst und werden an dieser Stelle auch erstmalig schriftlich erwähnt werden.

5.1 Problemstellung

Betrachtet man die typischen Phasen eines klassischen Projekts, so ist ersichtlich, dass die Vorarbeiten bis zum Beginn der Realisationsphase in der Regel einen Großteil des Gesamtaufwands ausmachen.

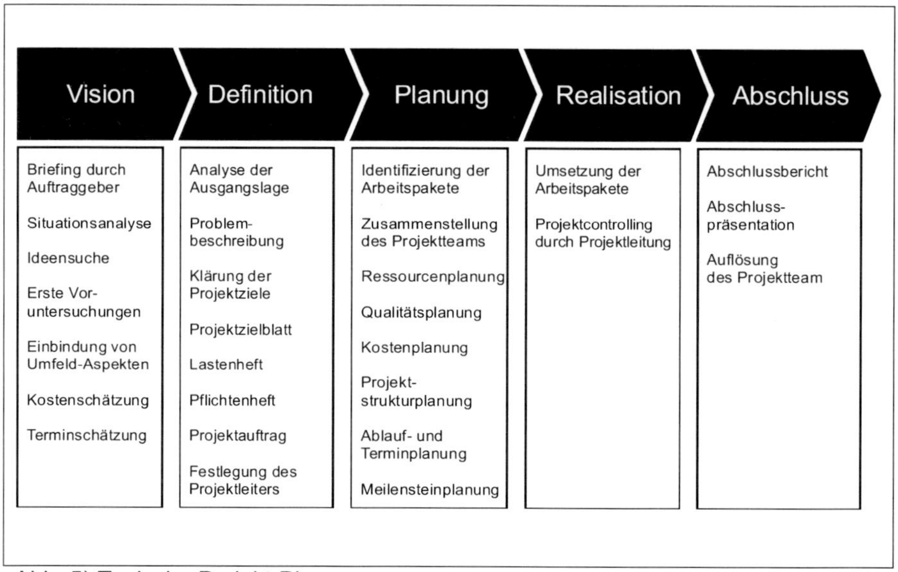

Abb. 5) Typische Projekt-Phasen

In dieser Vorbereitungsphase werden Ideen gesucht, Voruntersuchungen getätigt und Kosten- sowie Termineinschätzungen abgegeben. Es werden Analysen durchgeführt, die Ziele definiert und in einem Projekt-Auftrag festgehalten. Anschließend werden die Tätigkeiten in einzelne Arbeitspakete gegliedert, um sie an Projekt-Gruppen zu verteilen. Diese werden wiederum über Ablauf- und Terminplanung kontrolliert.

Es stellt sich an dieser Stelle die Frage, wofür man eigentlich den ganzen Aufwand betreibt?

Der große Aufwand in dieser Vorphase wird deshalb betrieben, um eine maßgeschneiderte 100% Lösung für das Unternehmen anzustreben.

Nachteile der üblichen Projekt-Abläufe

- Es wird viel Zeit für die Projekt-Definition aufgewendet, obwohl das grobe Ziel bekannt ist.
- Die aufwändige Ist-Analyse wird primär nur für die externen Berater durchgeführt, damit diese die Problemstellungen überhaupt erfassen können.
- Bei der Festlegung der Projekt-Ziele fließen oft viele unwichtige Wünsche mit ein, welche den Zeit- und Kostenaufwand immens in die Höhe steigen lassen.
- Aufgrund der fehlenden Erfahrung des neu einzuführenden Systems, kann beim Start alles nur hypothetisch durchdacht werden. Dies führt dazu, dass zu einem späteren Zeitpunkt neue Erkenntnisse auftauchen, womit anfangs getroffene Entscheidungen wiederum revidiert werden müssen.
- Je länger ein Projekt dauert, umso kritischer wird dessen Kosteneinhaltung.

Natürlich besteht die Gefahr, dass ein Projekt schon vor dem eigentlichen Start scheitert. Dazu zählen allzu bekannte Themen wie:

Wo und wie beginnen

Die ganze Thematik beginnt mit dem Problem, das eigentlich bestens bekannt ist, aber oft endet hier schon der Lösungsversuch. Man stellt fest, dass keine Experten vor Ort sind, die sich dem Thema ernsthaft annehmen können. Meistens beginnt hier die Suche nach einem Berater und endet das Projekt aufgrund der hohen Beratungskosten. Der Aufbau einer eigenen Fachkompetenz scheitert zumeist am Zeitdruck oder nach dem Beharren auf Expertenwissen mit Erfahrungswerten.

Fehlendes Engagement der Unternehmensleitung

Die Geschäftsleitung lehnt das Projekt ab, da zu viele Faktoren ungewiss sind und ein Erfolg nicht garantiert werden kann.

Mangelnde Umsetzungskompetenz

„Vielen Unternehmen mangelt es nicht an guten Ideen, an hervorragenden Analysen oder an exzellenten Verbesserungsvorschlägen, ihnen mangelt es an Umsetzungskompetenz. Nichts ist für ein Unternehmen lähmender, als einer Analyse, aus welchen Gründen auch immer, eine neue Analyse und wieder eine Analyse folgen zu lassen. Die Durchsetzung einer 80-prozentigen Verbesserung ist immer noch besser als das Warten auf die 100-prozentige Verbesserung!“ [1]

Lange Projekt-Verzögerungen, verbunden mit Kostenexplosionen

Aufgrund der Unerfahrenheit oder Ressourcenmangel oder aus vielen anderen Gründen verzögert sich das Projekt fortlaufend.

5.2 Lösungsansatz

Die Grundidee für „Rapid Implementing“ steckt im Pareto Prinzip (80/20 Regel). Das bedeutet, dass im Regelfall mit einem ca. 20%-Aufwand eine 80%-Lösung herbeizuführen ist.

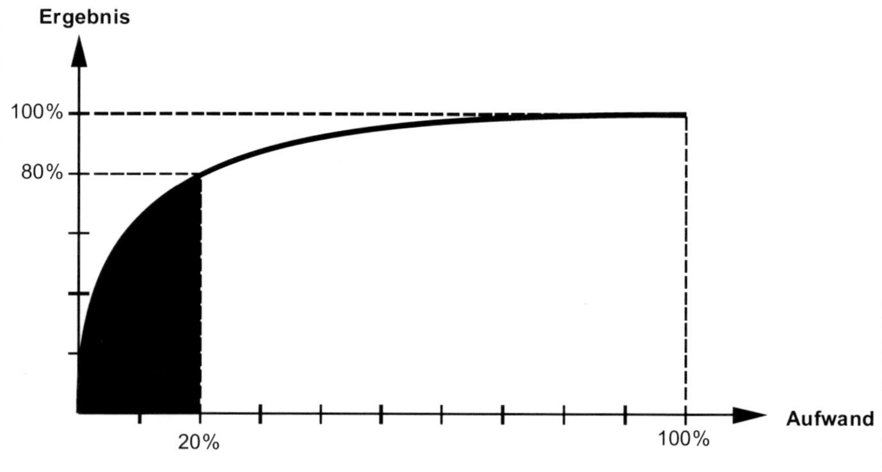

Abb. 6) Pareto-Prinzip

[1] Becker / Kugeler / Rosemann: Prozessmanagement S. 44

Um dieses Ziel überhaupt erreichen zu können, müssen sämtliche Abläufe bei Einführungs-Projekten optimal vorbereitet sein. Dies ist natürlich nur dann der Fall, wenn bereits Erfahrungen von einem bereits umgesetzten ähnlichen Projekt vorhanden sind. Dieser Umstand ist zwar allgemein bekannt, aber aus folgenden Gründen findet trotzdem dieser Know-how-Transfer nicht statt:

- Eine Wissensquelle ist generell nicht bekannt.
- Der Wissenstransfer ist vom Wissensträger aus untersagt.
- Der bestehende Lösungsansatz ist nicht geeignet, da er sich vom eigenen Projekt zu sehr unterscheidet.
- Die Daten sind nicht in brauchbarer Form verfügbar.
- Konzeptionelle Ansätze werden vom Projekt-Verantwortlichen selbst erwartet.

Genau an dieser Stelle setzt das „Rapid Implementing“ mit folgendem Grundsatz an:

> Es ist unmöglich, eine optimale Lösung für alle zu finden, aber es ist für alle möglich, mit einer optimalen Lösung zu beginnen.

Wie ist dieser Grundsatz zu verstehen?

„Rapid Implementing“ geht davon aus, dass es einen erfahrenen Personenkreis zu einem spezifischen Projekt gibt, der ein bestmögliches Standardszenario definiert. Diese Erfahrungen werden anhand untenstehender Richtlinien auf das Wesentliche reduziert und als „Rapid Implementing Handbuch“, dokumentiert und natürlich auch publiziert.

Der Besitzer einer solchen Schritt-für-Schritt-Anweisung gewinnt damit die Erkenntnis des kompletten Projekt-Ablaufs, und vor allem kennt er schon im Vorfeld das Ergebnis inkl. Kosten- und Kapazitätsaufwand. Der damit erreichte Umsetzungsgrad entspricht vermutlich nicht der gesuchten 100% Lösung, aber mit den anschließend gewonnen Erkenntnissen lassen sich diese gegebenenfalls in einer weiteren Optimierungsphase wesentlich leichter umsetzen.

Dabei liegen folgende Vorteile klar auf der Hand:

- Das Ziel ist bereits klar definiert.
- Aufwändige Voranalysen und Soll-Ist-Vergleiche entfallen.
- Eine Anleitung führt schrittweise zum Ziel.
- Management-Hilfsmittel sind bereits erstellt und verfügbar.
- Der Zeit- und Ressourcenaufwand ist bekannt.
- Die Projekt-Kosten sind exakt kalkulierbar.
- Die Zielerreichung ist garantiert.
- Die Projekt-Kosten werden drastisch reduziert (siehe Grafik).

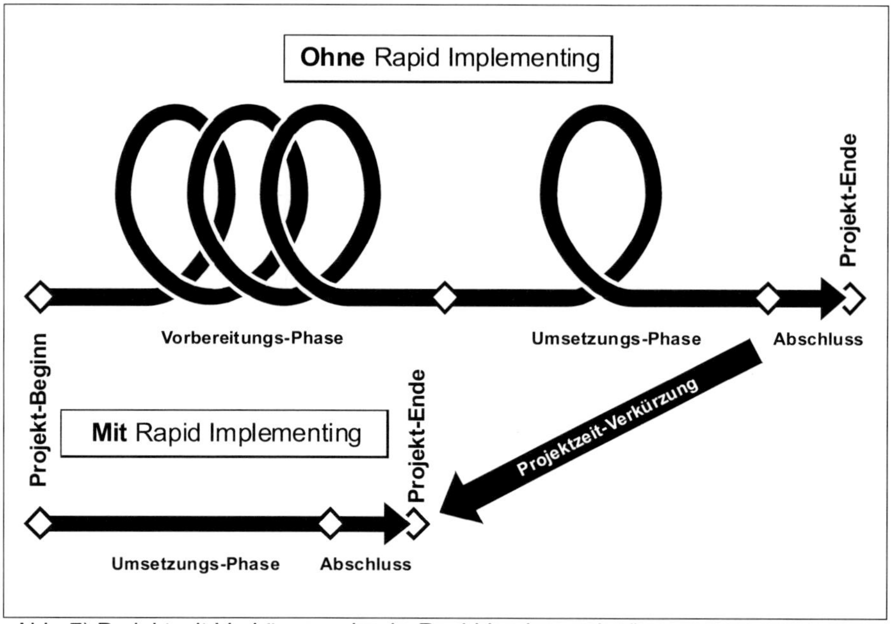

Abb. 7) Projektzeit-Verkürzung durch „Rapid Implementing“

Die Schleifen in der obigen Grafik symbolisieren jeweils eine neue Lösungsvariante, welche typischerweise in der Vorbereitungsphase öfters revidiert wird. In der Praxis wird oftmals auch in der Umsetzungsphase der bisherige Lösungsansatz revidiert, da neue Erkenntnisse eingetreten sind. Dies verzögert oft das Projekt wesentlich und führt auch zumeist zu größeren Abstimmungsproblemen, die erst gegen Ende ersichtlich werden. Eine 100%-Zielerreichung ist damit gefährdet und wird üblicherweise mit einer neuerlichen „Optimierungsphase“ eingeläutet.

5.3 Erstellungs-Richtlinien für das „Rapid Implementing“-Handbuch

Bei der Erstellung des „Rapid Implementing Handbuchs“ ist erstens darauf zu achten, dass der Inhalt allgemein gehalten wird, zweitens nur absolut Wesentliches eingeführt werden soll und drittens Hilfsmittel zur Verfügung gestellt werden, die den Projekt-Verlauf optimieren.

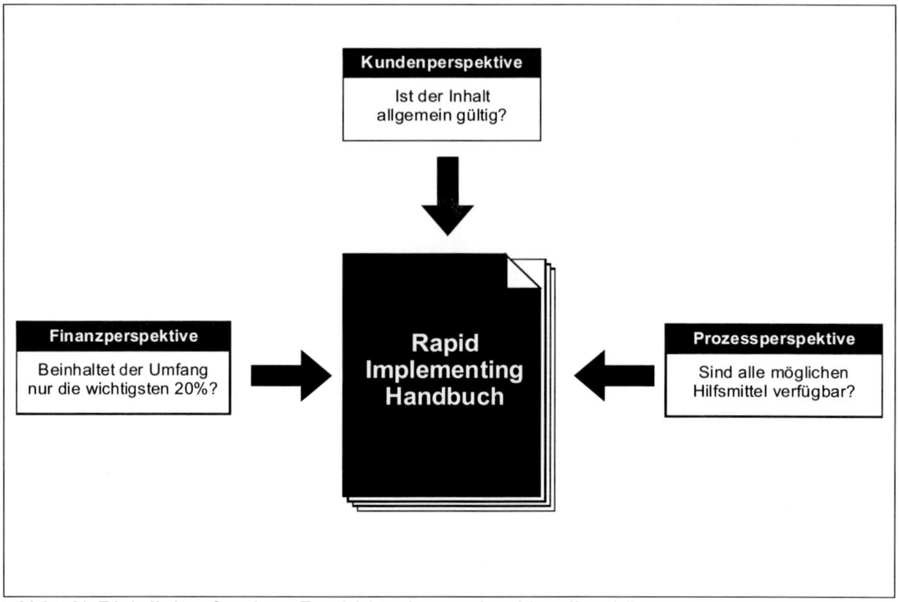

Abb. 8) Richtlinien für das „Rapid Implementing Handbuch“

Die in obiger Grafik festgehaltenen drei Fragen sollen den Autor bei der Erstellung des Handbuches stets begleiten.

5.3.1 Voraussetzungen an den zu beschreibenden Prozess

Selbstverständlich gibt es Themen bzw. Prozesse, die nur in ihrer Vollständigkeit ihre Daseinsberechtigung besitzen. Man kann zum Beispiel die Lohnverrechnung nicht auf das Auszahlen des Grundgehaltes, ohne Berücksichtigung der Anwesenheitszeit, Urlaub usw. reduzieren, in der Annahme, dass eine 80 Prozent-Abdeckung ausreichend ist.

Im „Rapid Implementing Handbuch“ können nur jene Prozesse beschrieben werden, deren Kernfunktion durch eine Reduktion immer noch gewährleistet ist.

5.3.2 Voraussetzung an den Autor

Der Autor möchte mit dem Erstellen eines „Rapid Implementing Handbuches“ dem Leser ein nützliches Wissen des Prozesses in effizientester Form mittels praktischen Hilfsmitteln vermitteln. Dazu bedarf es folgender Eigenschaften des Autors:

- Er muss den Prozess vollständig kennen, damit er sich auf das Wesentliche konzentrieren kann.
- Er muss den Prozess im Detail kennen, um gegebenenfalls auch Schritt-für-Schritt-Anleitungen beschreiben zu können.
- Er muss die Prozess-Dynamik bei Prozessabänderungen erkennen, um bei Prozessvereinfachungen nicht unerwünschte Nebenwirkungen zu erzeugen.
- Er muss die Hauptfunktion des Prozesses erkennen können, um den allgemein gültigen Teil zu erkennen.
- Er muss sein Wissen in verständlicher Form vermitteln können, damit die Information beim Leser ankommt.
- Er muss allgemein verwendbare Hilfsmittel (Formulare, Präsentationen, Tabellenkalkulationen etc.) erstellen können, damit der Umsetzungs-Prozess so effizient wie möglich ist.

5.3.3 Selektion des Wesentlichen

Ein einfaches Hilfsmittel, um die Kernprozesse zu finden, ist die Kammtheorie.

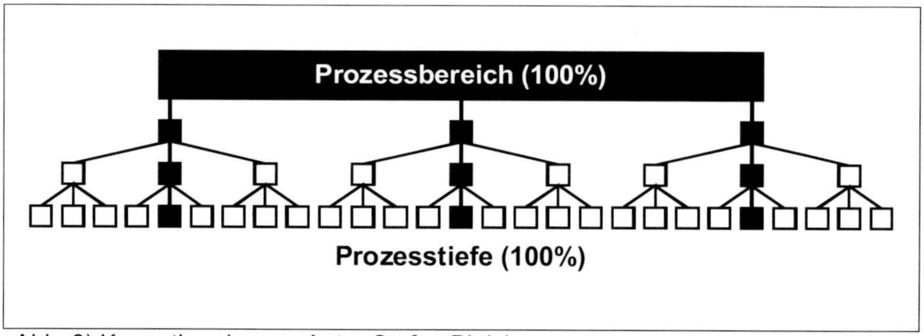

Abb. 9) Kammtheorie vom Autor Stefan Bleicher

Diese Theorie, dessen grafische Darstellung an einen Kamm erinnert, besagt:

Mit der Implementierung des vollständigen Prozessbereichs in der obersten Gliederung und dem jeweiligen Prozessweg zum wichtigsten Prozessergebnis je Prozessbereich erhält man ein größtmögliches Prozessergebnis mit geringstem Implementierungsaufwand.

Diese Aussage ist sicher eines der Kernelemente der „Rapid Implementing“-Methode. Dieser höchst pragmatische und völlig neue Ansatz verursacht sicher Widerstand bei den Lesern, deshalb sei an dieser Stelle nochmals erwähnt, dass wir lediglich von Einführungsszenarien sprechen. Selbstverständlich soll, nachdem erste Erfahrungen mit dem Prozess gesammelt wurden, der Prozessumfang bei Bedarf erweitert werden. Allerdings wird man folgende Aussage, „...wenn wir das vorher gewusst hätten ...“, am Projekt-Ende nicht mehr hören.

5.3.4 Prüfung auf Allgemeinheit

Die Art und Weise, wie der Autor seinen Inhalt auf Allgemeinheit überprüft, kann schwer definiert werden. Wichtig dabei ist nur, dass der Inhalt allgemein gehalten wird, denn:

Je allgemeiner der Inhalt des „Rapid Implementing Handbuchs“ gehalten wird, umso mehr Unternehmen interessieren sich dafür und umso größer wird der Nutzen dieses Handbuches.

5.3.5 Aufbereitung der Informationen

Die Kernaussage zur Aufbereitung des Handbuches ist sicher die, dass das Wissen in effizientester Form übermittelt werden soll.

Das bedeutet zum Beispiel, dass die richtige Sprache verwendet werden soll, die der Leser versteht. Dies klingt zwar logisch, ist es aber nicht (siehe Fachliteratur). Es erfolgt keine Prämierung anhand der Anzahl verwendeter Fachausdrücke, Fremdwörter oder englischer Ausdrücke – sie werden oft vom Leser nicht verstanden, womit die Information nicht ankommt!

Auch seitenweise Ausführungen mit literarischen Textpassagen werden beim Lesen ausgelassen, um Zeit zu sparen. Zeit ist Geld, und das bedeutet für den Autor, nur wesentliche Informationen zu vermitteln. Es besteht beim „Rapid Implementing Handbuch" kein Recht auf Vollständigkeit, dafür gibt es die Fachliteratur!

Noch effizienter ist die Verwendung von Grafiken, um ein Thema dem Leser verständlicher zu machen und um länger in Erinnerung zu bleiben.

Zu guter Letzt hilft eine gute Strukturierung dem Autor, den Faden nicht zu verlieren und dem Leser, die Übersicht zu behalten. Dazu kann folgende Auflistung eine Hilfestellung sein:

1. Projekt-Definition

a) Projekt-Ziele

b) Projekt-Nicht-Ziele

c) Projekt-Organisation

2. Projekt-Planung

a) Zusammenstellung des Projekt-Teams

b) Projekt-Auftrag

c) Arbeitspakete

d) Ressourcen- und Terminplanung

3. Projekt-Realisierung

a) Arbeitspaket-1

b) Arbeitspaket-2

c) Arbeitspaket-3

4. Projekt-Abschluss

a) Abschlussbericht

b) Abschlusspräsentation

c) Auflösung des Projekt-Teams

5.3.6 Bereitstellung von Hilfsmitteln

Generell gilt: Je mehr vorgefertigte Hilfsmittel zur Verfügung stehen, umso besser. In einfachster Form sind dies fertige Formularvorlagen und bereits erstellte Präsentationsunterlagen. Schwieriger und damit aufwändiger zu erstellen sind allgemein gültige Kalkulationsvorlagen oder fertige Datenbanken. Es kann aber auch ausreichend sein, dass bereits Internet-Verweise zweckdienlich sind.

Da die Hilfsmittel allgemein verwendbar sein sollten, liegen sie vermutlich im spezifischen Praxisbereich nicht vor. Der Autor muss deshalb selbst entscheiden, welcher Aufwand an dieser Stelle betrieben werden soll oder nicht.

6. Einführung von Controlling

In diesem Kapitel wird der komplette Einführungsprozess anhand von Beispielen aus der Praxis beschrieben. Dazu wird das „Rapid Implementing"-Konzept angewendet. Da es in dieser Studie nicht das Ziel ist, die Erstellung eines Handbuches zu beschreiben, sondern ein Controlling einzuführen, nehmen wir an, dass ein solches bereits erstellt ist. In den folgenden Kapiteln wird die Umsetzung anhand dieses Handbuchs beschrieben, dessen Inhalt sich dadurch teilweise widerspiegelt.

6.1 Voraussetzungen

Um einen Projekt-Erfolg gewährleisten zu können, müssen folgende Voraussetzungen bereits gegeben sein:

- Unterstützung der Geschäftsleitung
- Zielorientiertes Führungsmanagement
- Vorhandenes ERP-System (Enterprise Resource Planning)
- Kosten- und Leistungsrechnung

Sobald eine der vier Voraussetzungen fehlt, ist eine erfolgreiche Umsetzung nicht möglich.

6.1.1 Unterstützung der Geschäftsleitung

Fehlt die Unterstützung der Geschäftsleitung, so ist das Projekt von vornherein zum Scheitern verurteilt. Denn eine fehlende Unterstützung der Geschäftsleitung verhindert bereits eine Bereitstellung der notwendigen Ressourcen für dieses Projekt. Wird die Geschäftsleitung erst zu einem späteren Zeitpunkt involviert, um etwaigen Widerständen aus dem Weg zu gehen, kann es durchaus sein, dass das Ergebnis „aus Prinzip" nicht akzeptiert wird. Das Beharrungsvermögen ist meist beträchtlich, und vorgesetzte Veränderungen, die nicht mitgestaltet werden können, werden selten wirklich realisiert.

6.1.2 Zielorientiertes Führungsmanagement

Dazu finden sich treffende Formulierungen im Controller-Leitfaden von Siegwart und Rieder:

„Management by Objectives (MbO) oder eben „Führung mit Zielen“ ist ein in breitesten Führungskreisen bekanntes Managementprinzip, das seit Jahrzehnten eingesetzt wird. Dies ist nicht erstaunlich, lässt sich doch aus dem Führungskreislauf einfach ableiten, dass Führung ohne Ziele nicht funktionieren kann.“ [1]

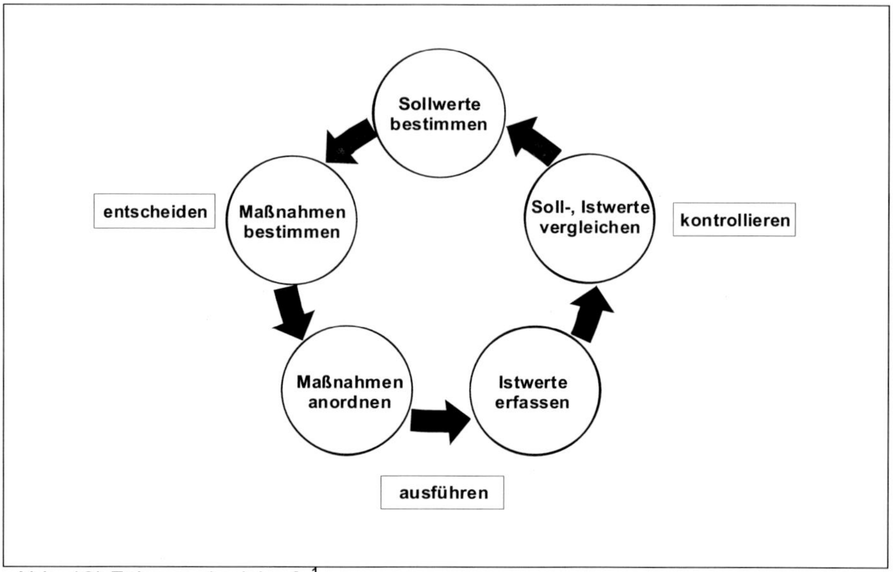

Abb. 10) Führungskreislauf [1]

„Solange einer Person oder Organisation nicht bekannt ist, was und wie viel sie erreichen will, kann sie sich nicht mit ihrem Mitteleinsatz und ihren Maßnahmen auf das Was, eben auf das Ziel ausrichten. Controlling und Führung mit Zielen sind damit aufs engste miteinander verbunden. Werden keine Ziele festgelegt, ist der Planungsprozess nicht abgeschlossen, werden die Ist-Ergebnisse nicht mit den Zielen verglichen, ist keine Kontrolle und damit auch keine Steuerung möglich. Systematische Zielbildung und Zielverfolgung erscheinen damit als logische und zwingende Voraussetzung von Controlling.“[1]

---

[1] Siegwart / Rieder, Controller-Leitfaden, Band 1, Teil 5, Kapitel 2, S.1

6.1.3 Vorhandenes ERP-System

Eine effiziente Datenverarbeitung ist heutzutage nur mehr mit einem zentralen EDV-System möglich. Deshalb ist es eine Grundbedingung, dass ein sogenanntes ERP-System (Enterprise Resource Planning System) im Einsatz ist, um Ist-Daten zur Verfügung zu haben. Fehlen diese Daten, dann fehlt auch die Kontrollmöglichkeit bei einem Soll-Ist-Vergleich.

6.1.4 Kosten- und Leistungsrechnung

Nur mit einer funktionierenden Kosten- und Leistungsrechnung sind korrekte Werte für eine weiterführende Kalkulation gegeben. Fehlen diese qualitativen Zahlen, sind die darauf aufbauenden Analysen und Vergleiche nichts wert.

6.2 Projekt-Definition

6.2.1 Projekt-Ziele

Folgende Ziele werden nach der Einführung realisiert sein:

- Einführung einer neuen Abteilung „Controller Services“
- Festlegen der Unternehmensstrategie
- Ableiten der Jahresziele, Maßnahmen und Steuergrößen je Bereichsleiter
- Einführen von Mitarbeiter-Zielvereinbarungen
- Aufbau eines „Management Information Systems“ (MIS)
- Erstellen eines internen Berichtswesens

6.2.2 Projekt-Nicht-Ziele

Im Sinne von „Rapid Implementing“ werden bei den genannten Zielen sogenannte Standards eingeführt, die nicht auf unternehmensspezifische Themen eingehen. Es werden somit keine 100% Lösungen realisiert, sondern der Fokus liegt beim Minimalaufwand für eine größtmögliche Abdeckung.

6.2.3 Projekt-Organisation

Für die Dauer des Projektes bedarf es neben der regulären Organisationsstruktur einer eigenen temporären Projekt-Organisation, die sich wie folgt zusammensetzt:

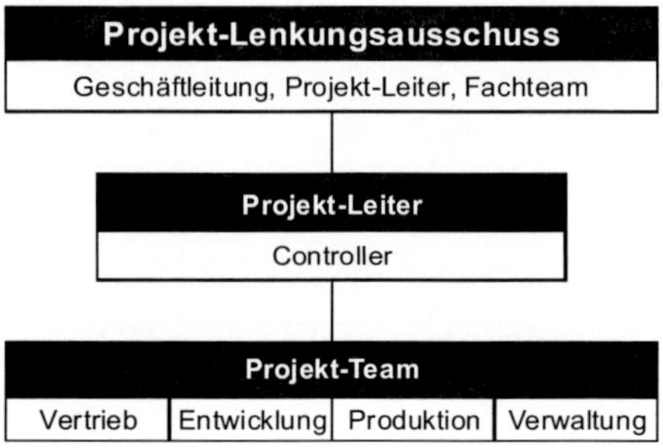

Abb. 11) Projekt-Organisation

Die Geschäftsleitung besteht in diesem Unternehmen aus fünf Personen.

<u>Der Bereich Verwaltung beinhaltet folgende Abteilungen:</u>

- Buchhaltung
- Kosten- und Leistungsrechnung
- Personalverrechnung
- EDV-Abteilung
- Personalmanagement

Definition: Projekt-Lenkungsausschuss

„Der Projekt-Leiter berichtet an den Projekt-Lenkungsausschuss, der die aus den Vorlagen des Projekt-Leiters resultierenden Entscheidungen zu treffen hat. Zum einen gehören ihm Mitglieder der Geschäftsleitung an, zum andern ist die Besetzung mit Mitarbeitern, welche später die veränderten Prozesse verantworten müssen, besonders zweckmäßig. Der Projekt-Lenkungsausschuss kommt periodisch zusammen, überprüft den Fortschritt des Projektes anhand der gesetzten Meilensteine, entscheidet über „Stop-or-Go" und trifft die für das Projekt relevanten Sachentscheidungen." [1]

Definition: Projekt-Leitung

„Die Geschäftsleitung setzt den Projekt-Leiter ein. Die Ergebnisse des Projekts, insbesondere, wenn es sich um ein Reorganisationsprojekt handelt, haben direkte Auswirkungen auf den zukünftigen Arbeitsablauf der Projekt-Beteiligten. Insofern ist besonders Einfühlungsvermögen auf Seiten des Projekt-Leiters erforderlich. Wenn das Projekt nicht in Stillstand verharren soll – bleibt alles beim Alten, sind die geringsten Widerstände einzelner Gruppen zu erwarten – wird es notwendig sein, Entscheidungen gegen den Willen bestimmter Gruppen zu treffen. Um einer Abwehrhaltung dieser Gruppen, die bis zum Boykott der neuen Abläufe gehen kann, entgegenzuwirken, ist viel Überzeugungsarbeit zu leisten. Eine Einbeziehung dieser Gruppen in die Projekt-Arbeit ist unbedingt notwendig. Der Projekt-Leiter muss integrierend und darf nicht polarisierend handeln und dabei eindeutige Standpunkte beziehen." [2]

---

[1] Becker / Kugeler / Rosemann, Prozessmanagement, S. 24

[2] Becker / Kugeler / Rosemann, Prozessmanagement, S. 24

Definition: Projekt-Team

„Das Projekt-Team wird vom Projekt-Leiter zusammengestellt. Einerseits sollte dieses möglichst groß sein, damit bereits in der Projekt-Phase viele Mitglieder der Unternehmung involviert sind; andererseits sollte es möglichst klein sein, damit eine effiziente Arbeit geleistet werden kann und das Projekt-Team nicht zum „Debattierclub" verkommt. Die Balance zwischen „zu groß" und „zu klein" zu treffen und den richtigen Mix aus Fach- und Methodenexperten zusammenzustellen, sind die wichtigsten Aufgaben bei der Bildung des Projekt-Teams. Auch in sehr großen Unternehmen erscheint es angebracht, ein relativ kleines Kernteam zu bilden, das je nach Prozess um zusätzliche Mitarbeiter (erweitertes Team) ergänzt wird." [1]

Wir wählen als Projekt-Leitung den zukünftigen Controller, da

- er sich auch mit dem Ergebnis identifizieren muss
- er ausreichend Ressourcen verfügbar hat (da neue Stelle)
- seine Qualifikation auch für eine Projekt-Leitung vorhanden sein muss

Im Projekt-Team sind folgende Personen auszuwählen:

- ein Vertreter des Bereichs Vertriebs
- ein Vertreter des Bereichs Entwicklung
- ein Vertreter des Bereichs Produktion
- ein Vertreter des Bereichs Verwaltung (inkl. Finanzwesen)

Der Projekt-Lenkungsausschuss besteht aus:

- der kompletten Geschäftsleitung
- dem Projekt-Leiter
- dem Projekt-Team

Dieser Lenkungsausschuss wird deshalb so „breit" aufgestellt, um mögliche Reibungspunkte so früh wie möglichst aufzuzeigen und zu bereinigen.

---

[1] Becker / Kugeler / Rosemann, Prozessmanagement, S. 25

6.3 Projekt-Planung

Die Projekt-Planung umfasst folgende Themen:

- Zusammenstellung des Projekt-Teams
- Projekt-Auftrag durch die Geschäftsleitung
- Arbeitspakete definieren
- Ressourcen- und Terminplanung

6.3.1 Zusammenstellung des Projekt-Teams

Wie bereits unter Kapitel 6.2.3 erwähnt, sind folgende Personen im Projekt-Team vertreten:

- ein Vertreter des Bereichs Vertrieb
- ein Vertreter des Bereichs Entwicklung
- ein Vertreter des Bereichs Produktion
- ein Vertreter des Bereichs Verwaltung (inkl. Finanzwesen)

Die Ernennung des Teams ist in einer eigenen Sitzung vom Projekt-Leiter einzuberufen und durch die Bereichsverantwortlichen festzulegen. Wichtig sind wiederum das Einverständnis des Delegierten und die Bereitstellung der zeitlichen Ressource durch den Vorgesetzten.

6.3.2 Projekt-Auftrag

Bevor das Projekt gestartet werden kann, ist ein Projekt-Auftrag zu definieren und von der Geschäftsleitung und vom Projekt-Leiter zu unterzeichnen. Damit gibt es einen offiziellen Projekt-Auftrag mit klar definierten Zielen, Projekt-Phasen, Kosten- und Terminplan. Das Formular sollte folgende Themen beinhalten:

Projekt-Auftrag	**Einführung Controlling**
Projekt-Start	Mit Freigabe des Projekt-Auftrages durch die Geschäftsleitung
Projekt-Ende	Mit Abnahme der umgesetzten Projekt-Inhalte durch die Geschäftsleitung
Projekt-Ziele	Einführung einer neuen Abteilung „Controller Services“ Festlegen strategischer Unternehmensziele Ableiten der Jahresziele, Maßnahmen und Steuergrößen Einführen von Mitarbeiter-Zielvereinbarungen Aufbau eines „Management Information Systems“ (MIS) Erstellen eines Berichtswesens
Projekt-Nicht-Ziele	Es werden keine 100% Lösungen realisiert. Es werden nicht alle, sondern nur die wichtigsten Themen umgesetzt um den Einführungsaufwand minimal zu halten.
Projekt-Phasen	■ Einführung einer neuen Abteilung ■ Festlegen der Unternehmensstrategie ■ Ableiten der Jahresziele, Maßnahmen und Steuergrößen ■ Einführen von Mitarbeiter-Zielvereinbarungen ■ Aufbau eines „Management Information Systems“ ■ Erstellen eines Berichtswesens ■ Projekt-Abschluss
Ressourcen, Kosten	Arbeitsaufwand Geschäftsleitung: 82,0 h Projekt-Leiter: 142,5 h Projekt-Team (4Pers) 66,0 h **Total 303,5 h**
Auftraggeber(in)	Geschäftsführer
Projekt-Leiter(in)	Controller
Projekt-Team	Jeweils eine Person aus dem Vertrieb, der Entwicklung, der Produktion und der Verwaltung
Unterschrift	Auftraggeber Projekt-Leiter

6.3.3 Arbeitspakete

Einführung einer neuen Abteilung „Controller Services“:

- Positionierung im Organigramm
- Erstellen einer Stellenbeschreibung
- Besetzung der Controller Position
- Publizierung der neuen Abteilung

Festlegen der Unternehmensstrategie:

- Festhalten der Unternehmensvision
- Definition der Unternehmenskultur
- Erstellen eines Leitbildes
- Beschreibung der Strategie

Ableiten der Jahresziele, Maßnahmen und Steuergrößen je Bereich:

- Brainstorming möglicher Unternehmens-Jahresziele
- Selektion eines Zieles je Bereich
- Ausformulierung der Jahresziele, Maßnahmen und Steuergrößen

Einführen von Mitarbeiter-Zielvereinbarungen:

- Erstellen eines entsprechenden Prozessablaufes
- Publizierung des neuen Führungsinstruments
- Einführung / Umsetzung der Mitarbeiter-Zielvereinbarung

Aufbau eines „Management Information Systems“ (MIS):

- Zusammenfassen der Steuergrößen der Maßnahmenpakete
- Ermittlung der erforderlichen Datenquellen im ERP-System
- Erstellen einer datenbankunterstützten Microsoft-Office Auswertung

Erstellen eines Berichtswesens:

- Definition des Berichtsinhaltes
- Aufbau des Berichts
- Einführen des Berichtswesens

6.3.4 Ressourcen- und Terminplanung

6.3.4.1 Ressourcenplanung

		Dauer in Stunden						
Meilensteine		Geschäftsleitung (4 P.) *)	Projekt-Leiter	Vertrieb	Entwicklung	Produktion	Verwaltung	**Aufwandsstunden** (x Pers)
Nr	**Arbeitspakete**							
Einführung neuer Abteilung		**3,5**	**7,5**	**1,5**	**1,5**	**1,5**	**10,5**	**36,5**
1	Stelle positionieren	0,5	1,0					**3,0**
2	Stellenbeschreibung erstellen	0,5	1,0				1,0	**4,0**
3	Controller Position besetzen	1,0	1,0				8,0	**13,0**
4	Neue Abteilung publizieren	1,0	4,0	1,0	1,0	1,0	1,0	**12,0**
5	Meilensteinsitzung	0,5	0,5	0,5	0,5	0,5	0,5	**4,5**
Unternehmensstrategie		**8,0**	**33,0**	**0,5**	**0,5**	**0,5**	**0,5**	**67,0**
6	Vision festhalten	0,5	0,5					**2,5**
7	Firmenkultur definieren	1,0	8,0					**12,0**
8	Leitbild erstellen	2,0	8,0					**16,0**
9	Strategie beschreiben	4,0	16,0					**32,0**
10	Meilensteinsitzung	0,5	0,5	0,5	0,5	0,5	0,5	**4,5**
Ziele, Maßnahmen, Steuergrößen		**1,5**	**7,5**	**3,5**	**3,5**	**3,5**	**3,5**	**27,5**
11	Brainstorming Jahresziele		1,0	1,0	1,0	1,0	1,0	**5,0**
12	Ein Ziel/Bereich selektieren	1,0	2,0	1,0	1,0	1,0	1,0	**10,0**
13	Ziel vollständig definieren		4,0	1,0	1,0	1,0	1,0	**8,0**
14	Meilensteinsitzung	0,5	0,5	0,5	0,5	0,5	0,5	**4,5**

		Dauer in Stunden						
Meilensteine		Geschäftsleitung (4 P.) *)	Projekt-Leiter	Vertrieb	Entwicklung	Produktion	Verwaltung	**Aufwandsstunden** (x Pers)
Nr	**Arbeitspakete**							
Mitarbeiter-Zielvereinbarung		**4,5**	**14,5**	**6,5**	**6,5**	**6,5**	**6,5**	**58,5**
15	Prozess erstellen	2,0	2,0	4,0	4,0	4,0	4,0	**26,0**
16	Prozess publizieren	1,0	4,0	1,0	1,0	1,0	1,0	**12,0**
17	Zielvereinbarungen treffen	1,0	8,0	1,0	1,0	1,0	1,0	**16,0**
18	Meilensteinsitzung	0,5	0,5	0,5	0,5	0,5	0,5	**4,5**
MIS		**0,5**	**50,0**	**0,5**	**0,5**	**0,5**	**4,5**	**58,0**
19	Steuergrößen gruppieren		1,0					**1,0**
20	ERP-Datenquellen ermitteln		0,5				4,0	**4,5**
21	MS-Office Lösung erstellen		48,0					**48,0**
22	Meilensteinsitzung	0,5	0,5	0,5	0,5	0,5	0,5	**4,5**
Internes Berichtswesen		**0,5**	**21,5**	**1,5**	**1,5**	**1,5**	**1,5**	**29,5**
23	Berichtsinhalt definieren		4,0	1,0	1,0	1,0	1,0	**8,0**
24	Bericht aufbauen		16,0					**16,0**
25	Berichtswesen einführen		1,0					**1,0**
26	Meilensteinsitzung	0,5	0,5	0,5	0,5	0,5	0,5	**4,5**
Projekt-Abschluss		**2,0**	**8,5**	**2,5**	**2,5**	**2,5**	**2,5**	**26,5**
27	Abschlussbericht, Abnahme	1,0	4,0	1,0	1,0	1,0	1,0	**12,0**
28	Fertiges Projekt präsentieren	1,0	4,0	1,0	1,0	1,0	1,0	**12,0**
29	Projekt-Team auflösen		0,5	0,5	0,5	0,5	0,5	**2,5**

*) Eine Geschäftsleitungssitzung dauert z.B. 1 h. Das entspricht einem Aufwand von 4h da 4 Personen in der Geschäftsleitung sind.

Anmerkungen zu den einzelnen Zeitangaben:

Zu 1)	Die **Positionierung** ist vorgegeben und nur noch über den Projekt-Leiter durch die Geschäftsleitung freizugeben.
Zu 2)	Die **Stellenbeschreibung** ist bereits vordefiniert und muss maximal vom Personalwesen noch leicht angepasst und von der Geschäftsleitung freigegeben werden.
Zu 3)	Die **Controller-Besetzung** erfolgt primär durch das Personalwesen mit Absprache der Geschäftsleitung. Wir gehen davon aus, dass die Stelle intern besetzt wird, womit etwaige langwierige externe Suche entfällt.
Zu 4)	Bei der **Publizierung** der neuen Abteilung hat der Projekt-Leiter den meisten Aufwand durch die Erstellung der erforderlichen Präsentationsunterlagen.
Zu 5 ff.)	Die **Meilensteinsitzungen** dienen generell dem Informationsaustausch und gegebenenfalls der Entscheidungsfindung bei offenen Fragen.
Zu 6)	Es wird davon ausgegangen, dass es eine Vision gibt, sonst würde höchstwahrscheinlich das Unternehmen gar nicht existieren.
Zu 7)	Zur **Unternehmenskultur** hat der Projekt-Leiter einen höheren Vorbereitungsaufwand, damit die Geschäftsleitungssitzung strukturiert ablaufen kann. Die Kultur selbst wird im Unternehmen bereits gelebt, aber sie ist noch schriftlich festzuhalten.
Zu 8)	Die **Leitbilderstellung** ist ein schwieriger Prozess, aber aufgrund der Beschränkung auf einen Satz je Bereich sollte der Diskussionsbedarf reduziert werden können.
Zu 9)	Wie bei der Leitbilderstellung wird der **Strategiebildungsprozess** durch die Beschränkung auf eine Strategie je Bereich entschärft. Als Aufwandsabschätzung wurde der doppelte Aufwand des Leitbilderstellungsprozesses angesetzt.
Zu 11)	Die Ergebnisse eines **Brainstormings** haben die erfreuliche Eigenschaft, dass sie in kürzester Zeit vorliegen.
Zu 12)	Die **Ziel-Selektion** erfolgt in zwei Etappen (Bereich und Geschäftsleitung), aber aufgrund der Einschränkung des Zielvolumens sollte ein rasches Ergebnis vorliegen.

Zu 13)	Der Projekt-Leiter führt mit jedem einzelnen Bereichsleiter die **Zielformulierung** je eines Zieles durch, welches die Geschäftsleitung ausgewählt hat.
Zu 15)	Der Zielvereinbarungsprozess selbst ist bereits vordefiniert. Der höhere Zeitaufwand beinhaltet den Einschulungsaufwand der Geschäfts- und Bereichsleitung.
Zu 16)	Das **Publizieren** der Mitarbeiter-Zielvereinbarung übernimmt die Geschäftsleitung anhand der vom Projekt-Leiter erstellten Präsentationsunterlagen.
Zu 17)	Der Projekt-Leiter begleitet die **Zielvereinbarungsgespräche** (je 0,5h) zw. Der Geschäfts- und Bereichsleitung.
Zu 19)	Alle erforderlichen Daten liegen bereits übersichtlich vor, und eine **Gruppierung der Steuergrößen** ist rasch vollzogen.
Zu 20)	Die Ermittlung der **ERP-Datenquellen** wird vom Projekt-Leiter an den ERP-Administrator (Verwaltung) übergeben.
Zu 21)	Das Office-Konzept ist bereits erstellt, und die Umsetzung übernimmt entweder jemand aus der EDV-Abteilung oder der Projekt-Leiter selbst. Da nur jeweils eine Datenquelle dargestellt wird, sollten acht Stunden je Bereich (gesplittete Verwaltung) für eine Umsetzung reichen.
Zu 23)	Der **Berichtsinhalt** wird mit dem jeweiligen Berichtsempfänger und dem Projekt-Leiter besprochen. Dabei sind die wesentlichen Eckdaten schon fixiert.
Zu 24)	Der **Berichtsaufbau** wird vom Projekt-Leiter durchgeführt. Da nur über ein Zielergebnis zu berichten ist, sollte ein halber Tag je Bericht ausreichen.
Zu 25)	Beim **Einführen des Berichtswesens** handelt es sich nur noch um einen formellen Akt.
Zu 27)	Der **Abschlussbericht** wird vom Projekt-Leiter erstellt, und die Abnahme erfolgt im Beisein des ganzen Projekt-Teams durch die Geschäftsleitung.
Zu 28)	Auch die **Projekt-Präsentation** wird im Beisein des ganzen Projekt-Teams erfolgen.
Zu 29)	Die **Auflösung des Projekt-Teams** ist rein formell.

6.3.4.2 Terminplanung

Projektphasen	Dauer in Stunden: Geschäftsleitung (4 P.) *)	Projekt-Leiter	Vertrieb	Entwicklung	Produktion	Verwaltung	Aufwandsstunden (x Pers)
Einführung einer neuen Abteilung	3,5	7,5	1,5	1,5	1,5	10,5	**36,5**
Unternehmensstrategie	8,0	33,0	0,5	0,5	0,5	0,5	**67,0**
Ziele, Maßnahmen, Steuergrößen	1,5	7,5	3,5	3,5	3,5	3,5	**27,5**
Mitarbeiterziel-vereinbarung	4,5	14,5	6,5	6,5	6,5	6,5	**58,5**
MIS	0,5	50,0	0,5	0,5	0,5	0,5	**58,0**
Internes Berichtswesen	0,5	21,5	1,5	1,5	1,5	1,5	**29,5**
Projekt-Abschluss	2,0	8,5	2,5	2,5	2,5	2,5	**26,5**
Summe	**20,5**	**142,5**	**16,5**	**16,5**	**16,5**	**16,5**	
Aufwand	**82,0**	**142,5**	**16,5**	**16,5**	**16,5**	**16,5**	**303,5**

*) Eine Geschäftsleitungssitzung dauert z.B. 1 h. Das entspricht einem Aufwand von 4h da 4 Personen in der Geschäftsleitung sind.

Es ergibt sich somit folgender grober Projekt-Verlauf, wenn alle, außer dem Projekt-Leiter maximal 4 Stunden pro Woche in dieses Projekt investieren dürfen.

Projektphasen	**Arbeitswochen**									
	1	**2**	**3**	**4**	**5**	**6**	**7**	**8**	**9**	**10**
Einführung neuer Abteilung	■									
Unternehmensstrategie		■	■							
Ziele, Maßnahmen etc.				■						
Mitarbeiterziel-vereinbarung					■	■				
MIS							■	■		
Internes Berichtswesen									■	
Projekt Abschluss										■

Wir erhalten somit einen Gesamtaufwand von ca. 300 Personen-Stunden für die Einführung dieses Projektes mit einer gut bemessenen Zeitdauer (inkl. Reserven) von lediglich <u>zehn</u> Wochen!

6.4 Projekt-Realisierung

In den folgenden Kapiteln werden die definierten Arbeitspakete beschrieben. Wir erinnern an dieser Stelle nochmals an den „Rapid Implementing"-Gedanken und an die 80/20 Regel mit Fokus auf das Wesentliche!

6.4.1 Einführung einer neuen Abteilung „Controller Services"

Da diese Stelle im Unternehmen noch fehlt, muss diese erst im Unternehmen neu eingebunden werden. Dazu sind folgende Arbeitsschritte erforderlich:

6.4.1.1 Positionierung im Organigramm

Um die neue Stelle richtig in die Organisationsstruktur einfügen zu können, hilft die Erstellung eines Ordnungsrahmens, um die Prozesse und deren Schnittstellen im gesamten Unternehmen besser erkennen zu können.

Sinn und Zweck eines Ordnungsrahmens

„Ein Ordnungsrahmen gliedert als relevant deklarierte Elemente und Beziehungen eines Originals auf einer hohen Abstraktionsebene nach einer gewählten Strukturierungsweise in einer beliebigen Sprache. Der Zweck eines Ordnungsrahmens besteht darin, einen Überblick über das Original zu vermitteln und bei der Einordnung von Elementen und Beziehungen untergeordneter Detaillierungsebenen deren Bezüge zu anderen Elementen und Beziehungen des Ordnungsrahmens offen zu legen.“ [1]

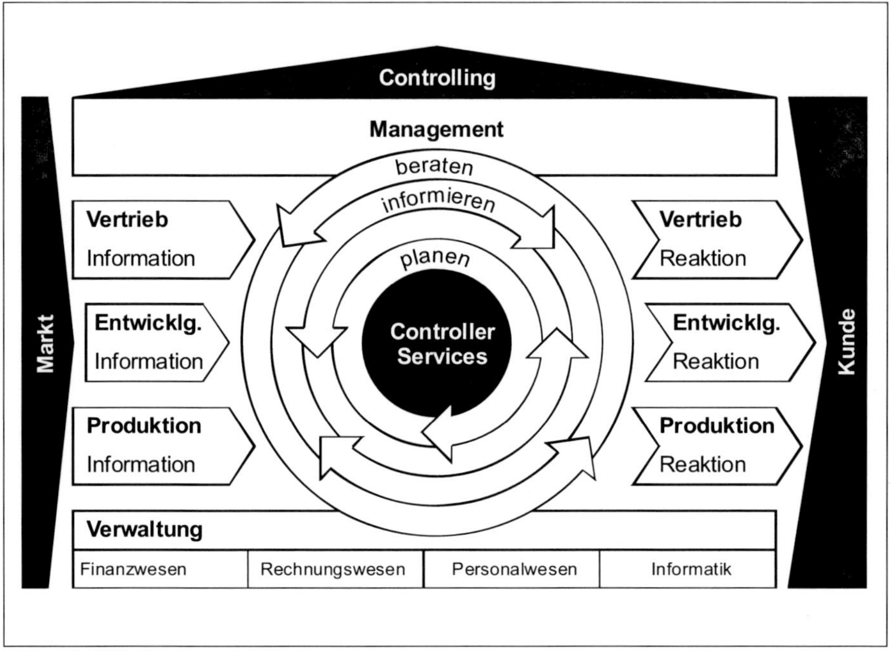

Abb. 12) Ordnungsrahmen

Anhand obiger Abbildung ist leicht zu erkennen, dass die neue Abteilung eine zentrale Stelle einnimmt und mit ihren Aufgaben alle Unternehmensbereiche tangiert. Wenn sich nun die obligatorische Frage stellt, ob die neue Stelle als Linienstelle dem Finanzwesen oder als Stabstelle dem Geschäftsführer zugeordnet werden soll, kann die Beantwortung leicht fallen.

[1] Meise V., Ordnungsrahmen zur prozessorientierten Organisationsgestaltung S.62

Zur Veranschaulichung werden trotzdem alle drei Möglichkeiten aufgezeigt.

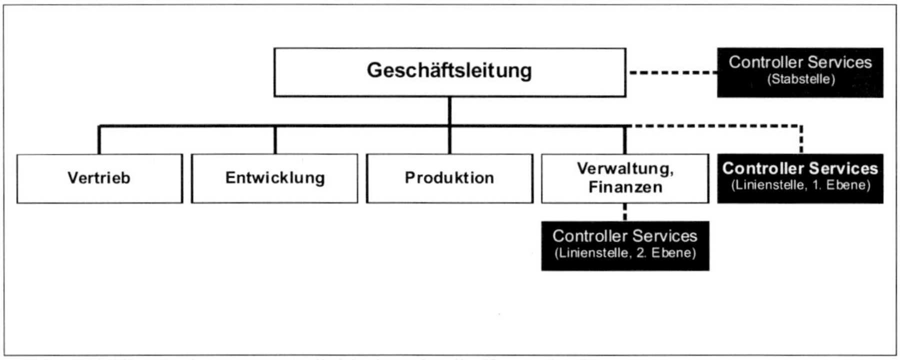

Abb. 13) Eingliederungsmöglichkeiten in die Organisation

Nachteil der Linienstelle

„Der Nachteil einer solchen organisatorischen Lösung besteht darin, dass nicht nur der Vorgesetzte des Controllers einen Informationsvorsprung besitzt, sondern dass allgemein die Gefahr besteht, die Gesichtspunkte des Finanzbereichs zu überbetonen. Hinzu kommt die sich aus der hierarchisch untergeordneten Stellung ergebende Gefahr, dass kurzfristige Betrachtungsweisen dominieren und das Wettbewerbsumfeld des Unternehmens weitgehend unberücksichtigt bleibt, sodass Controlling bei dieser Organisationsvariante nur den Charakter eines „Zahlen-Center" erhält. Um das zu verhindern, besteht die Möglichkeit, das Controlling in der ersten Leitungsebene des Unternehmens organisatorisch zu verankern. Ob dabei das betriebliche Rechnungswesen und/oder die zentrale DV dem Controlling zuzuordnen sind, muss situativ entschieden werden. Auch diese Organisationsvariante ist insofern problematisch, weil der Controller aus seiner Verantwortung gegenüber der gesamten Führung stets mehreren Personen in gleichem Maße zur Verfügung stehen sollte. Das führt zwangsläufig zu Konflikten, weil der Controller nicht mehr nur Serviceleistungen für die Entscheider zu erbringen hat, sondern dass er als Leitungsorgan selbst ein für den Vollzug verantwortlicher Entscheidungsträger ist. Zwar besteht die Möglichkeit, durch generelle Regelungen das im Zusammenhang mit der Doppelfunktion des Controllers bestehende Konfliktpotenzial einzuschränken, jedoch sind derartige Lösungen meistens nicht besonders stabil.“ [1]

Fazit

Die neue Abteilung „Controller Services“ wird als Stabstelle der Geschäftsführung positioniert.

6.4.1.2 Erstellen einer Stellenbeschreibung

Um eine Stellenbeschreibung erstellen zu können, muss man sich zuerst den Aufgaben eines zukünftigen Controllers widmen. Dazu ist folgende Zusammenfassung des Controller-Leitfadens von Siegwart und Rieder hilfreich:

Gestaltungsfunktion	Planungsfunktion	Beratungsfunktion	Richtlinienfunktion
Aufbau eines ziel- und führungsorientierten Rechnungswesens	Aufbau und Gestaltung einer Planungs-Systematik	Beratung bei Zielfestlegung	Festlegen von Buchführungs- und Bewertungsrichtlinien (intern)
Gliederung in verantwortungs-bezogenen Kontrolleinheiten	Entwicklung von Simulationsmodellen und Planung Szenarien	Erkennen von Abweichungen und Interpretation der Resultate	Festlegen der Planungsrichtlinien
Umgestaltung des Rechnungswesens für die Zwecke der Entscheidungsfindung	Zusammenstellen des erfolgswirtschaftlichen Gesamtplans	Laufende Berichterstattung	Bestimmen der Termine für Planung und Berichterstattung
Gestaltung der Istleistungs- und Istwerteerfassung	Beobachtung außerbetrieblicher Trends und Einflüsse	Erstellen von Erwartungs-rechnungen	Gestaltung der Berichtswesens-Inhalte
Durchführung von Sonderermittlungen	Moderation der strategischen Planung	Feststellen des Innovationsbedarfs Überwachung der strategischen Prämissen	Festlegung übriger planungs- und Rechnungswesen-relevanter Richtlinien
Gestaltung des Führungs-Informationssystems mit Delegation bzw. Übernahme der damit verbunden Datenerfassung, -verarbeitung und –präsentation. Institutionalisierung der Planungs- und Soll-Ist-Vergleichsprozesse zwecks Realisation der Unternehmensziele			

Abb. 14) Aufgaben eines Controllers [1]

[1] Ziegenbein, Controlling S. 174, 175

Für die Stellenbeschreibung selbst werden nur jene Anforderungen und Aufgaben beschrieben, die für dieses Projekt erforderlich sind.

Stellenbeschreibung	
Bezeichnung	Controller Services
Vorgesetzte Stelle	Geschäftsführer
Unterstellte Stellen	Keine
Stellvertreter	Geschäftsführer
Aufgaben	Beratung bei der Zielfestlegung Inhaltliche Verwaltung des MIS-Systems Analysen von Soll-Ist-Abweichungen Beratung bei Zielverfehlungen Interne Berichtserstellung
Kompetenzen	Informations- und Beratungsrecht gegenüber der Geschäftsleitung und Bereichsleitern
Anforderungsprofil	„Der Stelleninhaber muss die Persönlichkeit und Denkweise eines Unternehmers besitzen. Er benötigt darüber hinaus die Sach- und Fachkompetenz, um seine Bereiche im Rahmen der Unternehmungs-zielsetzung ganzheitlich zu führen.“ [2]

6.4.1.3 Besetzung der Controller Position

Aufgrund der fachlichen Eigenschaften eines Controllers und seiner beratenden Funktion erleichtern Branchen- und Firmenkenntnisse den Einstieg wesentlich. Hierzu wäre eine firmeninterne Besetzung mit fundierten Kenntnissen der Geschäftsprozesse, vorhandener betriebswirtschaftlicher Ausbildung und tiefgreifenden ERP-Erfahrungen der Idealfall.

---

[1] Siegwart / Rieder, Controller-Leitfaden: Band 1, Teil 2, Kapitel 3, S.7

[2] Siegwart / Rieder, Controller-Leitfaden: Band 1, Teil 3, Kapitel 2, S.23

Ist diese Person nicht verfügbar, so wären folgende Anforderungen an den zukünftigen Controller bei der Stellensuche zu stellen:

- BWL-Ausbildung und Branchenkenntnisse erforderlich
- Ausgeprägtes ganzheitliches Unternehmerdenken als Dienstleister
- Selbständiges Arbeiten mit Blick auf das Wesentliche
- Hohe Überzeugungskraft mit Durchsetzungsvermögen
- Kompetenz für grafische Darstellung von Kennzahlen
- Offen für Veränderungen und sparsamer Umgang mit Ressourcen
- Motivator-Eigenschaften und kommunikative Kompetenzen
- ERP- und Englischkenntnisse von Vorteil

6.4.1.4 Publizierung der neuen Abteilung

Meist wird dieser kleine Schritt unterschätzt, er hat aber für die Akzeptanz im Unternehmen eine große Bedeutung. Wichtig dabei ist die Publizierung der Aufgaben des Controllers und dass es sich dabei nicht um einen Kontrolleur, sondern um einen Dienstleister für die Entscheidungsträger handelt. In dieser Funktion unterstützt der Controller die Führungskräfte bei der Erreichung ihrer Ziele und liefert dazu die erforderlichen Informationen. Diesbezüglich ist eine persönliche Vorstellung vorzuziehen, da dabei auftauchende Fragen und Ungewissheiten sofort bereinigt werden können.

6.4.2 Festlegen der Unternehmensstrategie

Wohl eines der schwierigsten Kapitel in einem Unternehmen ist die Festlegung einer Unternehmensstrategie. Dies ist deshalb der Fall, da oberflächlich betrachtet zumeist die Sinnhaftigkeit vermisst und zudem befürchtet wird, damit die erforderliche Flexibilität zu verlieren. Des Weiteren ist für Jedermann feststellbar, ob strategische Ziele auch eingehalten werden oder nicht, wodurch vor allem die Geschäftsleitung angreifbar wird.

Allerdings gilt:

Eine fehlende Strategie muss man sich leisten können und setzt die Unternehmensexistenz aufs Spiel!

Folgende Grafik veranschaulicht ganz deutlich das Zusammenspiel von der Vision bis zu den Steuergrößen (Kennzahlen). Dieses Verfahren garantiert somit zielorientierte Unternehmensprozesse unter Berücksichtigung der bestehenden Unternehmenskultur (Leitsätze) und der möglichen Handlungsfelder (Erfolgsfaktoren). Als zusätzlichen und ganz wichtigen Nutzen entsteht damit ein spezifisches, leicht verständliches und vor allem zielorientiertes Kennzahlensystem als Steuerinstrument für das Controlling.

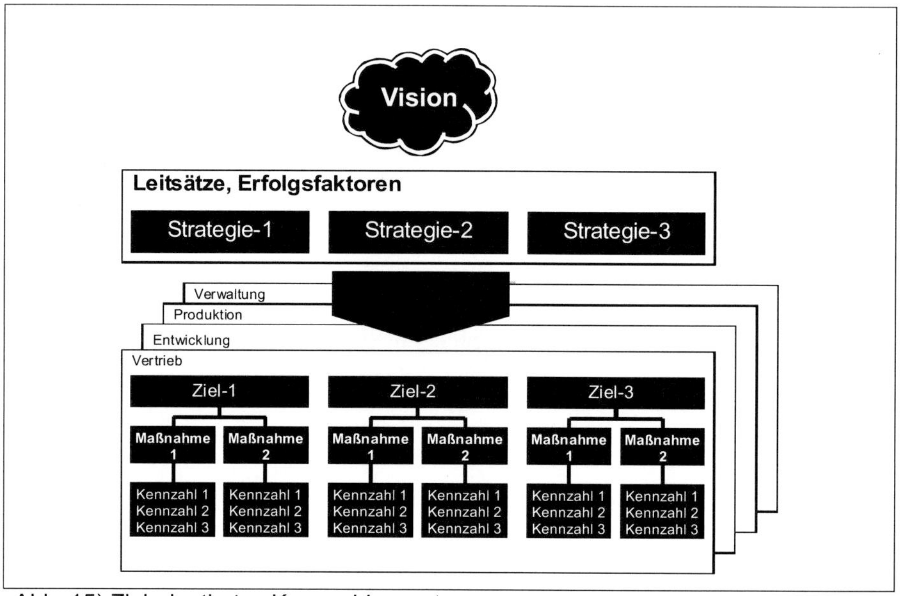

Abb. 15) Zielorientiertes Kennzahlensystem

Im Folgenden wird der Weg zur Unternehmensstrategie mit zitierten Definitionen dargestellt:

Vision

„Die Vision ist der oberste Begriff. Sie sollte aus einer einprägsamen, kurzen Aussage bestehen, die wie ein Leitmotiv für die gesamte Unternehmung immer wiederholt werden kann. Hinter der Vision steht die Idee, wie die Unternehmung einen Nutzen für die Gesellschaft erzielen kann.“ [1]

Unternehmenskultur

„Unternehmungskultur auf der andern Seite ist insofern ein weicherer Begriff, als sie sich nicht oder nur teilweise in Worten und Merksätzen fassen lässt. Die Unternehmungskultur ist eigentlich die Sammlung von Werten und (ungeschriebenen) Normen, die die Wahrnehmung und die Vorlieben der Mitglieder eines Systems bei der Wahl von Zielen und Maßnahmen prägt (vgl. Bleicher, 1991, 74). Unternehmungspolitik wird von der Unternehmungskultur getragen, beeinflusst aber als schriftlich formulierte Aussage auch die Entwicklung der Kultur.“ [2]

Leitbild

„Es umfasst die Summe aller unternehmungspolitischen Aussagen in wenigen Sätzen oder Merkpunkten für alle Mitarbeiter und eventuell auch für die Öffentlichkeit zusammen. Das Leitbild muss durch die Aggregation der Aussagen allgemeiner und damit weniger klar verpflichtend formuliert werden als die unternehmungspolitischen Kernaussagen, die im Unternehmungskonzept festgehalten werden. Dies ist einer der Gründe, weshalb vielfach Leitbilder als „Wischi-Waschi“ klassifiziert und – fälschlicherweise – nicht ernst genommen werden.“ [3]

---

[1] Siegwart / Rieder, Controller-Leitfaden: Band 1, Teil 4, Kapitel 3, S.2

[2] Siegwart / Rieder, Controller-Leitfaden: Band 1, Teil 4, Kapitel 3, S.2

[3] Siegwart / Rieder, Controller-Leitfaden: Band 1, Teil 4, Kapitel 3, S.2

Strategie, Unternehmungskonzept

„Nach *Nieschlag / Dichtl / Hörschgen* sind Strategien mittel- bis langfristig wirkende Grundsatzentscheidungen mit Instrumentalcharakter; *Kreikebaum* stellt fest, dass Unternehmensstrategien zum Ausdruck bringen, wie ein Unternehmen seine vorhandenen und potenziellen Stärken einsetzt, um Veränderungen der Umweltbedingungen zielgerichtet zu begegnen. Sie deuten die Richtung an, in die sich ein Unternehmen entwickelt." [1]

6.4.2.1 Festhalten der Unternehmens-Vision

Die Vision kommt, wie hier bei einem Einzelunternehmen, vom Inhaber und die lautet:

Wir verschaffen unseren Kunden durch unsere Automatisierungslösungen einen Wettbewerbsvorteil!

6.4.2.2 Definition der Unternehmenskultur

In jedem Unternehmen gibt es eine Unternehmenspolitik, die nicht schriftlich festgehalten sein muss um, gültig zu sein. Um sie trotzdem vor Augen zu halten, sollen hier diese Grundsätze wie bei den untenstehenden Beispielen aufgelistet werden. Diese Grundsätze sollen auch bei der Strategiefestlegung ein festes Gesetz darstellen.

- Wir wollen technisch innovative Steuerungen entwickeln.
- Wir wollen den besten Kundenservice bieten.
- Wir wollen finanzielle Unabhängigkeit bewahren.

[1] Ehrmann, Unternehmensplanung, S.113

6.4.2.3 Erstellen eines Leitbildes

Es gilt dabei folgenden Fragenkatalog zu beantworten:

1. Welche Bedürfnisse wollen wir mit unseren Marktleistungen (Produkten, Dienstleistungen) befriedigen?
2. Welchen grundlegenden Anforderungen sollen unsere Marktleistungen entsprechen? (Qualität, Preis, Neuheit usw.)
3. Welche geographische Reichweite soll unsere Unternehmung haben? (lokaler, nationaler, internationaler Charakter)
4. Welche Marktstellung wollen wir erreichen?
5. Welche Grundsätze sollen unser Verhalten gegenüber unsern Marktpartnern (Kunden, Lieferanten, Konkurrenten) bestimmen?
6. Welches sind unsere grundsätzlichen Zielvorstellungen bezüglich Gewinnerzielung und Gewinnverwendung?
7. Welches ist unsere grundsätzliche Haltung gegenüber dem Staat?
8. Wie sind wir eingestellt gegenüber wesentlichen gesellschaftlichen Anliegen? (Umweltschutz, Gesundheitspflege, Armutsbekämpfung, Entwicklungshilfe, Kunstförderung usw.)
9. Welches ist unser wirtschaftliches Handlungsprinzip?
10. Wie stehen wir grundsätzlich zu Anliegen der Mitarbeiter? (Entlohnung, persönliche Entwicklung, soziale Sicherung, Mitbestimmung, finanzielle Mitbeteiligung usw.)
11. Welches sind die wesentlichsten Grundsätze der Mitarbeiterführung, die in unserem Unternehmen gelten sollen?
12. Welches ist unsere technologische Leitvorstellung?

Abb. 16) Fragenkatalog zur Leitbilderstellung[1]

Im Sinne von „Rapid Implementing“ definieren wir für jeden Unternehmensbereich lediglich einen wichtigen Leitsatz, der mit der Vision und der Unternehmenskultur konform ist. Aufgrund der Wichtigkeit wird das Personalwesen mit einbezogen.

[1] Siegwart / Rieder, Controller-Leitfaden: Band 1, Teil 4, Kapitel 3, S.8

Leitbild

Vision	Wettbewerbsvorteil für unsere Kunden
Unternehmenskultur	Innovative Steuerungen, bester Kundenservice, unabhängig
Vertrieb	**Unsere Marktpräsenz ist darauf ausgerichtet, mit unseren Automatisierungslösungen Nummer eins in der Hauptbranche zu bleiben.**
Entwicklung	**Unsere Produkte und Automatisierungskonzepte sind innovativ, langlebig und trotzdem kostengünstiger als der Wettbewerb.**
Produktion	**Bei der Fertigung steht die Qualität im Vordergrund, und jedes Produkt wird zu 100% auf Funktion überprüft.**
Finanzen	**Alle Unternehmensziele sind darauf ausgerichtet, langfristig die finanzielle Unabhängigkeit zu gewährleisten und kurzfristig die Liquidität zu sichern.**
Personalwesen	**Durch unsere Wertschätzung der Mitarbeiter und Förderung ihrer beruflichen Ziele soll eine lange und motivierte Firmenzugehörigkeit erreicht werden.**

Dieses Leitbild dient schlussendlich bei der Strategiefestlegung als allgemeine Richtlinie, die nicht verletzt werden darf. Zudem wird durch die Publizierung an die Belegschaft die Grundhaltung des gesamten Unternehmens übermittelt, welche bei schwierigen Entscheidungen auch aufgezeigt werden soll.

6.4.2.4 Beschreibung der Strategie

Wir kennen nun den Zweck des Unternehmens (Vision) und die Grundhaltung der Führungskräfte und Belegschaft (Leitbild). Was noch fehlt, ist die Auflistung des Handlungsspielraums, bzw. der variablen Parameter, die das Unternehmen beeinflussen kann. In der Literatur spricht man hierbei von strategischen Erfolgsfaktoren.

Strategische Erfolgsfaktoren

„Die im Mittelpunkt der strategischen Planung stehenden Erfolgspotenziale bestehen aus den Faktoren, die den Erfolg eines Unternehmens oder einer Strategischen Geschäftseinheit beeinflussen, den strategischen Erfolgsfaktoren. Darunter sind „... sämtliche geschäftsspezifischen Voraussetzungen anzusehen, die für die Realisierung des späteren Erfolges notwendig sind und bis zum Zeitpunkt ihrer Realisierung zu entwickeln sind“ (*Bramsemann*).

Strategische Erfolgsfaktoren befinden sich sowohl im Unternehmen selbst als auch außerhalb des Unternehmens und müssen ständig erkannt und nutzbar gemacht werden. Sie ergeben sich aus

- dem Geschehen auf den Märkten
- den von Staat und Gesellschaft geschaffenen vom Unternehmen nutzbar zu machenden Bedingungen
- der Qualität der Unternehmensführung
- dem Personal
- der Organisation, den angewandten Verfahren
- der Investitionsintensität

dem Forschungs- und Entwicklungsaufwand u.Ä.“ [1]

---

[1] Ehrmann, Unternehmensplanung S. 114

Um einen Überblick der möglichen Erfolgsfaktoren zu bekommen, erfolgt anschließend eine Auflistung, die uns bei der Strategieentwicklung behilflich sein soll.

Strategische Erfolgsfaktoren	
Marktattraktivität	■ Marktwachstum (kurz- und langfristig) ■ Exportanteil ■ Konzentrationsgrad auf der Anbieter- und Nachfrager-Seite
Relative Wettbewerbsposition	■ Absoluter Marktanteil ■ Relativer Marktanteil ■ Relatives Gehaltsniveau ■ Relative Produktqualität
Investitionsattraktivität	■ Investitionsintensität ■ Wertschöpfung/Umsatz (vertikale Integration) ■ Umsatz/Beschäftige (Produktivität) ■ Kapazitätsauslastung
Kostenattraktivität	■ Marketingaufwand/Umsatz ■ Forschungs- und Entwicklungsaufwand/Umsatz ■ Rate von Produkt-Neueinführungen
Allgemeine Unternehmensmerkmale	■ Herkunftsland der Unternehmung ■ Unternehmensgröße und –kultur ■ Diversifikationsgrad ■ Organisation (Prozesse, Information, Durchlaufzeiten)
Veränderung vorgenannter Schlüsselgrößen	■ Marktanteilsänderung ■ Vertikale Integrationsänderung ■ Relative Preisänderung ■ Produktqualitätsänderung ■ Kapazitätsänderung

Abb. 17) Strategische Erfolgsfaktoren[1]

[1] Ehrmann, Unternehmensplanung, S.116

Da ein Unternehmen nur existieren kann, wenn auch entsprechende Verkaufserfolge vorliegen, sprechen wir bei einer Strategiefindung hauptsächlich von einer Produkt- und Marktstrategie. Damit soll gewährleistet werden, dass das richtige Produkt, zur richtigen Zeit, zum richtigen Preis am richtigen Ort vorliegt.
Zur besseren Orientierung der möglichen Handlungsfelder dient auch folgender Blickwinkel von Gerberich:

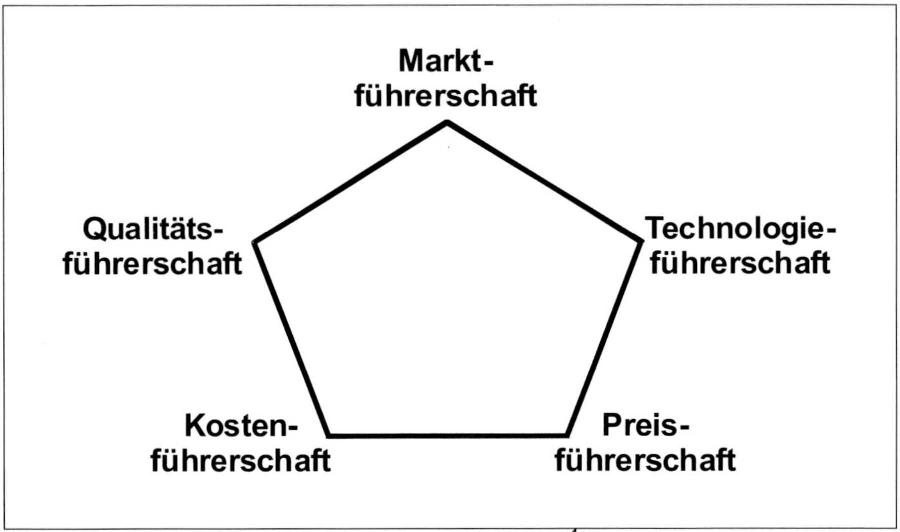

Abb. 18) Magisches Fünfeck der strategischen Ziele [1]

Gliederung der Strategien:
(vgl. Siegwart / Rieder, Controller-Leitfaden: Band 1, Teil 10, Kapitel 3, S.8)

„Daneben sind aber auch in den nicht direkt marktorientierten Funktionen die Voraussetzungen zu schaffen, dass die angestrebten Marktpositionen auch wirklich erreicht werden können. Dazu dienen die funktionalen Strategien, die sich auf die Entwicklung der innerhalb der Unternehmung wesentlichen Kompetenzbereiche beziehen. Man spricht dann von funktionalen Strategien, die sich, wie der Name schon sagt, auf verschiedene Funktionen in der Unternehmung beziehen können. Beispiele:

[1] Gerberich, Unternehmensführung mit Kennzahlen, Kapitel „Strategie-Kennzahlen“

- **Einkaufs- und Lagerstrategie:**
  Mit wie vielen Lieferanten und mit welcher Lieferantenqualität sollen die Roh- und Hilfsstoffversorgung sichergestellt werden? Welche Teile eignen sich für Fremdbeschaffung, welche müssen unbedingt selbst hergestellt werden? Sind die bestehenden Lagerkapazitäten aus- oder umzubauen? Müssen neue Logistikkonzepte für die Beschaffung erarbeitet und installiert werden?
- **Finanzierungsstrategie:**
  Wie hoch müssen die liquiden Mittel sein, die für die Realisierung der Strategien benötigt werden? Von welchen Kapitalgebern sollen sie in welchen Anteilen und Formen beschafft werden?
- **Informatikstrategie**
  Welcher Art müssen die Informatikdienstleistungen sein, die zur Unterstützung der Strategieumsetzung benötigt werden? Mit welchen Hard- und Softwarekonzeptionen kann diese Unterstützung realisiert werden? Welche Zeiträume sind für die Realisierung vorzusehen, und was wird sie kosten?
- **Personalstrategie**
  Welche personellen Qualifikationen werden zur Strategierealisierung benötigt und wie viel Personal ist für die bestimmte Funktionen einzustellen bzw. abzubauen? Sollen Anreizsysteme aufgebaut werden, die die Mitarbeiter zur energischen Strategieumsetzung anhalten und ihre Anstrengungen unterstützen?
- **Produktionsstrategie**
  Welche Kapazitäten werden benötigt? Wie wird die Produktionsplanung und –steuerung angepasst? Sind neue Produktionskonzepte zur Sicherstellung der Reaktionsfähigkeit auf die Anforderungen der Märkte zu entwickeln (z.B. große Einproduktanlagen oder flexible Systeme, die theoretisch mit Losgröße „1“ arbeiten können)?

- **Marketing- und Vertriebsstrategie**

  Wenn der Marktauftritt in verschiedenen Produkt-/Marktkombinationen gleich oder ähnlich sein soll (z.B. zwecks Förderung der eigenen Marke), kann es sich empfehlen, eine übergreifende funktionale Marketing- und Vertriebsstrategie zu formulieren. Die Entscheidung für die eine oder andere Vorgehensweise hängt maßgeblich davon ab, ob eher produkt-/marktspezifische oder zentrale Marketingkonzepte vorgesehen werden." [1]

Es folgt nun die finale Gegenüberstellung von Leitbild und Unternehmensbereich für die Ermittlung der Unternehmensstrategie. Auch dabei vergessen wir den „Rapid Implementing"-Gedanken nicht und fokussieren uns die wesentlichsten drei Leitbilder.

Strategie \ Leitbild	Nr. 1 in der Hauptbranche
Produkt- und Markt-Strategie	Frühzeitige Abdeckung der Marktbedürfnisse durch innovative Neuentwicklungen. Höhere Marktpräsenz beim weltweiten Hauptmarkt als der Wettbewerb.

Strategie \ Leitbild	Langfristige, finanzielle Unabhängigkeit
Einkaufs- und Lager-Strategie	Die durchschnittliche Lagerreichweite soll auf zwei Monate reduziert werden, um die Kapitalbindung zu minimieren.
Finanzierungs-Strategie	Eine strikte Budgeteinhaltung der Ausgaben und Erhöhung der Einnahmen sichern die finanzielle Unabhängigkeit und Liquidität.
Marketing und Vertriebs-Strategie	Es werden nur jene Entwicklungsprojekte gestartet, bei denen eine Amortisation von max. zwei Jahren gegeben ist.

Strategie \ Leitbild	Hohe Fertigungs- und Produkt-Qualität
Produktions-Strategie	Anschaffung hochwertiger Fertigungshilfsmittel soll die Fertigungs- und somit die hohe Produktqualität sichern.

[1] Siegwart / Rieder, Controller-Leitfaden: Band 1, Teil 10, Kapitel 3, S.8

6.4.3 Ableiten der Jahresziele, Maßnahmen und Steuergrößen

Anhand der nun definierten Unternehmensstrategie, welche für einen Zeitraum von drei bis fünf Jahren definiert wird, folgt nun die Festlegung der Jahresziele je Unternehmensbereich. Die Verantwortung der Zielerreichung liegt beim Bereichsleiter. Um das Ziel erreichen zu können, sind Maßnahmenpakete zu schüren. Und um die Durchsetzung der Maßnahmen kontrollieren zu können, erfolgt zeitgleich die Bestimmung von zugehörigen Steuergrößen.

6.4.3.1 Brainstorming möglicher Unternehmens-Jahresziele

Vorschläge von möglichen Jahreszielen werden von den Bereichs- und nicht von den Geschäftsleitern gebildet. Sie kennen die möglichen Potenziale besser, und durch die Formulierung ihrer eigenen Ziele werden sie nicht als aufgezwungene Vorgaben empfunden (die weitere Selektion wird später erklärt). Bei der Zielbildung selbst ist darauf zu achten, dass die Formulierung so gestaltet wird, dass der Grad der Zielerreichung messbar ist und der Inhalt, das Ausmaß und die Zeit beschrieben werden, wie z.B. „...Umsatzsteigerung von 20% im Jahr 2012..."

Dabei gibt es folgende Phasen zur Zielbildung:

Ziel-Suche	Sie beinhaltet das Vorgehen bei der Suche nach Zielideen. Es können dabei auch Kreativitätstechniken eingesetzt werden, z.B. das Brainstorming. Meistens resultieren die Unternehmensziele aus dem Unternehmensleitbild.
Ziel-Abstimmung	Es ist besonders zu klären, in welcher Beziehung die Ziele zu den bisherigen Zielen stehen. Die Verantwortlichen haben der Frage nachzugehen, ob es sich um Ober- oder Unterziele bzw. Haupt- oder Nebenziele handelt.
Ziel-Formulierung	Die Zielformulierung durch die Unternehmensleitung sollte nach Inhalt, Ausmaß und Zeit erfolgen, um später kontrollieren zu können, inwieweit die angestrebten Ziele erreicht wurden.
Ziel-Verbindlichkeit	Sind die Ziele eindeutig formuliert, werden sie von der Unternehmensleitung für verbindlich erklärt. Diese Ziele bilden als Soll-Daten die Basis für den späteren Soll-Ist-Vergleich durch den Unternehmenscontroller.

Abb. 19) Phasen der Zielbildung[1]

[1] Rahn, Unternehmensführung, S.402

Anhand folgender Tabelle wird ein Brainstorming durchgeführt und mögliche Ziele der einzelnen Bereiche werden kurz umschrieben. Sie müssen noch nicht korrekt und vollständig formuliert sein, sondern sollen einen Überblick für die Zielabstimmung darstellen.

Strategie	**Abdeckung Marktbedürfnisse durch innovative Produkte**		
Bereiche	**Ziele, Ideen**	**Maßnahmen**	**Kennzahl**
Geschäftsleitung	Marktkenntnisse verbessern	Branchen-management einführen	Stelle definiert? ...positioniert? ...besetzt?
Vertrieb	Kundenbedürfnisse frühzeitig erfassen	Kundenbefragung durchführen	Kundenbefragung durchgeführt?
Entwicklung	Technologie-neuheiten anwenden	Entsprechende Messen besu-chen	Anzahl besuchter Messen.
Produktion	Erforderliche Ferti-gungstechnologie bereitstellen	Fehlende Ma-schinen erfassen und anschaffen	Maschinen ange-schafft?
Finanzen	Erforderliche Zusatz-kosten budgetär berücksichtigen	Kostenstellen-verantwortliche hinweisen	Hinweis erfolgt?
Personalwesen	Technologiewissen steigern	Mitarbeiter-schulungen	Anzahl Schu-lungs-besuche

Strategie	Höhere Marktpräsenz		
Bereiche	**Ziele, Ideen**	**Maßnahmen**	**Kennzahl**
Geschäftsleitung	Finanzielle Mittel zur Verfügung stellen	Werbebudget erhöhen	Höhe des Werbebudgets
Vertrieb	Erhöhung des weltweiten Bekanntheitsgrades	Messeausstellungen erhöhen	Anzahl Messe.-ausstellungen
Entwicklung	-		
Produktion	-		
Finanzen	-		
Personalwesen	-		

Strategie	Reduktion der Lagerreichweite		
Bereiche	**Ziele, Ideen**	**Maßnahmen**	**Kennzahl**
Geschäftsleitung	Erforderliche Organisationsstruktur schaffen	Neue Abteilung Supply-Chain-Management gründen	Neue Abteilung eingeführt?
Vertrieb	Verbesserung der Genauigkeit des Absatzplans	Soll-Ist-Vergleiche der Verantwortlichen einführen	Soll-Ist-Vergleiche verfügbar und kommuniziert?
Entwicklung	Erhöhung der Gleichteile von Bauteilen	Aktuellen Artikelstamm reduzieren	Anzahl verwendeter Bauteile
Produktion	Durchlaufzeiten verkürzen	Bestände an Halbfabrikaten reduzieren	Bestandswert des Umlauflagers (Ware in Arbeit)
Finanzen	Stärkere Gewichtung der Lagerreichweite im Unternehmen (Liquidität)	Monitoring im MIS und Einbinden im Berichtswesen	Kennzahl im MIS verfügbar und im Bericht aufgenommen?
Personalwesen	-		

Strategie	Budgeteinhaltung und Erhöhung der Einnahmen		
Bereiche	**Ziele, Ideen**	**Maßnahmen**	**Kennzahl**
Geschäftsleitung	Strikte Budgeteinhaltung	Budget Soll-Ist-Vergleich einführen	Budgetabweichung
Vertrieb	Deckungsbeiträge erhöhen	Soll-Ist-Vergleich der Deckungsbeiträge	Deckungsbeitrag vom Umsatz (DBU)
Entwicklung	Kostengünstigere Fertigung von Neuprodukten	Ziel-DB bei Neuentwicklungen fixieren	Soll-Ist-Vergleich vom DBU
Produktion	Herstellkosten senken	Losgrößen erhöhen	Durchschnittliche Losgrößen
Finanzen	Kommunikation von Soll-Ist-Abweichungen	Berichtswesen anpassen	Berichtswesen angepasst?
Personalwesen	-		

Strategie	Nur Entwicklungsprojekte mit Zwei-Jahres-Amortisation		
Bereiche	**Ziele, Ideen**	**Maßnahmen**	**Kennzahl**
Geschäftsleitung	-		
Vertrieb	Akquirieren nur umsatzstarker Kunden	Angebotslegung auf Amortisation prüfen	Soll-Ist-Vergleich der Projekt-Amortisation
Entwicklung	Amortisationskalkulation bei Projektierungsphase einführen	Soll-Ist-Vergleich der Projekt-Amortisation	Soll-Ist-Vergleich der Projekt-Amortisation
Produktion	-		
Finanzen	Erforderlichen DBU berechnen und publizieren	DBU kalkulieren und einbinden im Berichtswesen	Berichtswesen angepasst?
Personalwesen	-		

Strategie	Hochwertige Fertigungshilfsmittel		
Bereiche	**Ziele**	**Maßnahmen**	**Kennzahl**
Geschäftsleitung	Finanzielle Mittel zur Verfügung stellen	Erforderlichen Investitionsaufwand budgetieren	Investitionsaufwand der Fertigung
Vertrieb	-		
Entwicklung	-		
Produktion	Qualitative und kostenoptimierte Fertigung	Qualitätssteigernde und kostenoptimierte Fertigungsmaschinen anschaffen	Interne Fehlerquote, Fertigungszeiten zum Vorjahr
Finanzen	-		
Personalwesen	-		

Nach dieser großen Übung ist ersichtlich, dass schon aus einer geringen Zahl von Strategien eine Unmenge von möglichen Zielen entsteht. Zudem sind durchaus mehrere Maßnahmen je Ziel erforderlich und auch mehrere Kennzahlen je Maßnahme. Damit wir den Fokus auf das Wesentliche nicht verlieren und den „Rapid Implementing"-Gedanken vor Augen führen, wählen wir lediglich ein Ziel mit einer Maßnahme und einer Kennzahl je Unternehmensbereich. Dabei suchen wir jene Ziele, die die größtmögliche Wirkung zeigen.

6.4.3.2 Selektion eines Zieles je Bereich

Jeder Bereichsleiter wählt aus den möglichen Jahreszielen seine drei wichtigsten aus. Die Geschäftsleitung übernimmt dann die Querabstimmung, indem sie lediglich ein Ziel je Bereich ermittelt, mit Bedacht auf eine Gesamtabdeckung der strategischen Ziele. Somit kann die Geschäftsleitung über die Jahresziele entscheiden, womit auch sie das Ergebnis mittragen kann!

Bereiche	Gewähltes Ziel	Zugehörige Strategie
Geschäfts-leitung	Strikte Budgeteinhaltung	Budgeteinhaltung und Erhöhung der Einnahmen
Vertrieb	Erhöhung des weltweiten Bekanntheitsgrades	Höhere Marktpräsenz
Entwicklung	Entwicklungskosten reduzieren	Nur Entwicklungsprojekte mit Zwei-Jahres-Amortisation
Produktion	Qualitative und kostenoptimierte Fertigung	Hochwertige Fertigungshilfsmittel
Finanzen	Stärkere Gewichtung der Lagerreichweite im Unternehmen (Liquidität)	Reduktion der Lagerreichweite
Personal-wesen	Technologiewissen steigern	Abdeckung Marktbedürfnisse durch innovative Produkte

6.4.3.3 Ausformulierung der Jahresziele, Maßnahmen und Steuergrößen

Nach diesem Brainstorming erfolgt nun die Ausformulierung der Ziele mit Definition des Inhalts, des Ausmaßes und der Zeit. Aufgrund der Zugehörigkeit und Übersichtlichkeit werden zeitgleich die Maßnahmen und Steuergrößen festgelegt.

Effizienzsteigerung durch das Festlegen von Bedingungen

Wie wir spätestens beim nächsten Kapitel „Einführen von Mitarbeiter-Zielvereinbarungen“ sehen werden, kann die Entstehung des zielgerichteten, finalen Maßnahmenpakets sehr komplex und aufwändig sein. Im „Controller-Leitfaden“ von Siegwart und Rieder, aus dem schon einiges zitiert wurde, ist dieser Prozess nur mit einem immensen Aufwand zu bewerkstelligen. Aufgrund der Definition von Einschränkungen, Verboten bzw. Bedingungen, lässt sich der Zielfindungsprozess wesentlich vereinfachen. Wir verknüpfen deshalb bei den nachfolgenden Zielformulierungen auch Bedingungen je Ziel. Eine begründende Stellungnahme folgt dann im Zusammenhang mit dem Prozessablauf der Mitarbeiter-Zielvereinbarung im nächsten Kapitel.

Wichtiger Hinweis

Die Steuergrößen dienen der Messung der Zielerreichung und sollen einen steuernden Einfluss bewirken. Dies ist in ausreichendem Maße allerdings erst dann der Fall, wenn sich die Steuergröße auf den einzelnen Geschäftsprozess anwenden lässt. Eine Kennzahl, die ein Jahresergebnis repräsentiert, birgt die Gefahr, dass innerhalb eines Geschäftsjahres kein Zielerreichungsgrad festgestellt werden kann. Hierzu ein Beispiel: Die Geschäftsleitung will den Lagerbestand reduzieren und beordert eine Reduktion um 5 MEUR bis Jahresende. Diese Vorgabe ist zwar legitim, bewirkt aber vermutlich zum Jahresende eher eine negative Überraschung. Besser ist die Definition einer durchschnittlichen Lagerreichweite in Tagen. Mit dieser Steuergröße lässt sich die Zielerreichung bei jeder Einkaufsbestellung messen und hat damit garantiert einen steuernden Effekt auf den einzelnen Geschäftsprozess.

Geschäftsleitung	**Leitbild**	Langfristige, finanzielle Unabhängigkeit
	Strategie	Budgeteinhaltung und Erhöhung der Einnahmen
Ziel	Es soll ein Budget-Überwachungsprozess bis zum dritten Quartal eingeführt werden, deren Einhaltung die Bereichsleiter monatlich gegenüber der Geschäftsleitung zu verantworten haben.	
Maßnahme	Budgetprozess-Erneuerung an Finanzwesen beauftragen	
Steuergröße	Budgetprozess bis zum dritten Quartal eingeführt? (Ja/Nein)	
Bedingung	Die Freigabe des Budgetinhalts bleibt bei der Geschäftsleitung.	

Vertrieb	Leitbild	Nr. 1 in der Hauptbranche
	Strategie	Höhere Marktpräsenz
Ziel	Das Unternehmen soll nächstes Jahr bei den weltweit zehn wichtigsten Messen vom Hauptmarkt vertreten sein.	
Maßnahme	Ermittlung der wichtigsten Messen mit Terminplanung und Organisation des Messeauftritts	
Steuergröße	Wie viele Messetermine wurden eingehalten?	
Bedingung	Das Messebudget darf das Vorjahresbudget nicht überschreiten.	

Entwicklung	Leitbild	Langfristige, finanzielle Unabhängigkeit
	Strategie	Nur Entwicklungsprojekte mit Zwei-Jahres-Amortisation
Ziel	Bis zum dritten Quartal ist die Amortisationszeit von maximal zwei Jahren bei der Entscheidung der Projektrealisierung mit zu berücksichtigen.	
Maßnahme	Projekt-Amortisationskalkulation bis zum dritten Quartal einführen und im Grobpflichtenheft aufnehmen.	
Steuergröße	Soll-Ist-Vergleich der Projekt-Amortisation	
Bedingung	Ausnahmen bedürfen der Freigabe der Geschäftsleitung	

Produktion	Leitbild	Hohe Fertigungs- und Produkt-Qualität
	Strategie	Hochwertige Fertigungshilfsmittel
Ziel	Bis Ende des Jahres sollen die internen Fertigungsfehler um 10% verringert und die durchschnittlichen Fertigungszeiten gegenüber dem letzten Jahr um 5% gesenkt werden.	
Maßnahme	Die älteste gesamte SMT-Fertigungslinie soll bis Mitte Jahr durch eine technologisch aktuelle Linie ersetzt werden.	
Steuergröße	Anzahl Fertigungsfehler pro Fertigungseinheit, aktuelle Fertigungszeit / letztjährige Fertigungszeit	
Bedingung	Die Maschinen dürfen nur geleast werden.	

Finanzwesen	Leitbild	Langfristige, finanzielle Unabhängigkeit
	Strategie	Reduktion der Lagerreichweite
Ziel	Bis zum Jahresende soll es einen Soll-Ist-Vergleich der Lagerreichweite im MIS und im Berichtswesen geben.	
Maßnahme	Es soll die Lagerreichweite im MIS verfügbar gemacht und im Berichtswesen aufgenommen werden.	
Steuergröße	Ist die Kennzahl im MIS und im Berichtswesen integriert? (Ja/Nein)	
Bedingung	Eine Mindestgliederung in Roh-, Hilfs- und Betriebsstoffe muss möglich sein.	

Personalwesen	Leitbild	Nr. 1 in der Hauptbranche
	Strategie	Abdeckung Marktbedürfnisse durch innovative Produkte
Ziel	Es soll bis zum Jahresende eine Weiterbildungsplanung der Mitarbeiter im Bereich Entwicklung eingeführt werden.	
Maßnahme	Es soll eine Bedarfserhebung mit der Entwicklung durchgeführt werden und entsprechende Weiterbildungsmöglichkeiten sollen vom Personalwesen angeboten werden (interne Karriereplanung).	
Steuergröße	Ist die interne Karriereplanung bis zum Jahresende eingeführt? (Ja/Nein)	
Bedingung	Die Entscheidung über die Mitarbeiter-Fortbildungen fällt der jeweilige Vorgesetzte.	

In diesem Fall wurde bei der Zielfestlegung darauf geachtet, dass jedem Leitbild und jeder Strategie je ein Ziel zugeordnet wurde. In der Realität finden sich die wichtigsten Ziele nicht so schön verteilt!

6.4.4 Einführen von Mitarbeiter-Zielvereinbarungen

Wozu soll das Einführen von Mitarbeiter-Zielvereinbarungen gut sein?

> „Führung durch Zielvereinbarung ist das Managementkonzept, das vor allem auf die in einem Geschäftsjahr zu erreichenden Ziele ausgerichtet ist.
> Dabei wird versucht, mittels Zielen die Leistungen und das Verhalten einzelner Mitarbeiter auf die Realisierung von unternehmenspolitischen und strategischen Hauptzielen auszurichten.“ [1]

> „Man kann nicht erfolgreich sein, solange Erfolg nicht definiert ist.“ [2]

Diese zwei Definitionen bestimmen sehr treffend den Nutzen des Unternehmens **und** den Nutzen des Mitarbeiters, aber worauf ist bei der Einführung besonders zu achten?

Diese Frage beantwortet folgendes Statement von Siegwart und Rieder:
„Management by Objectives (MbO) wird sehr oft übersetzt mit „Führung durch Zielsetzung oder Zielvorgaben“ (vgl. z.B. Grochla, 1973, 231 oder früher Odiorne, 1973, 33ff.). Odiorne als großer Förderer dieses Managementprinzips hat aber selbst durch die praktische Anwendung erkannt, dass Führung durch Vorgaben von Zielen nicht erfolgversprechend ist. Er betont heute (Odiorne, 1987, 89), dass der Zielaushandlungsprozess das Herzstück von MbO sei.
Dass diese Überlegung richtig ist, ergibt sich alleine schon aus dem Umstand, dass eine Person, die ein Ziel erreichen soll, von

- der Richtigkeit,
- der Angemessenheit,
- der Wichtigkeit (Bedeutung) und
- der Erreichbarkeit

dieses Zieles überzeugt sein muss. Ist dies nicht der Fall, fehlt normalerweise seitens des Zielträgers die Akzeptanz. Er hat das Ziel vorgegeben erhalten und konnte bei dessen Festlegung nicht mitwirken. Damit ist es nicht sein Ziel und er identifiziert sich nicht mit dem zu erreichenden Resultat. Soll der Nichtakzeptanz

[1] Siegwart / Rieder, Controller-Leitfaden: Band 1, Teil 5, Kapitel 3, S.3

[2] Siegwart / Rieder, Controller-Leitfaden: Band 1, Teil 5, Kapitel 3, S.4

von Zielen vorgebeugt und gleichzeitig auch Führung durch Delegation realisiert werden, muss demzufolge von Anfang an ein Zielvereinbarungsprozess vorgesehen werden, der es ermöglicht, dass die das Ziel übernehmende Person das Ziel selbst mitgestalten kann. In diesem Prozess soll die zielübernehmende Person bei der Festlegung

- des Zielinhaltes (sachlich),
- der Zielhöhe (wie viel?) und
- der Messmethode (Wie wird die Zielerreichung gemessen?)

mitreden und ihre eigenen Vorstellungen einbringen können. Zudem soll der Weg der Zielerreichung möglichst offen gelassen werden, damit die zielübernehmende Person den entstehenden Freiraum in eigener Verantwortung ausgestalten und den für sie bestgeeigneten Weg suchen kann.“ [1]

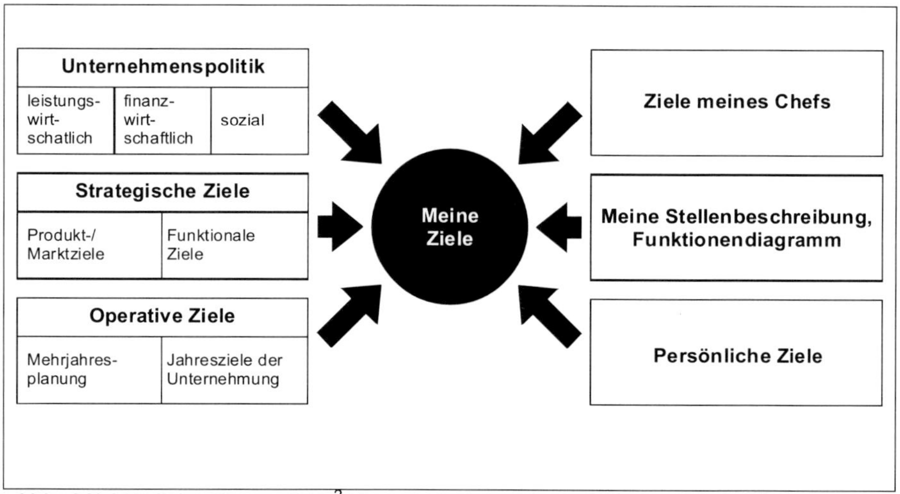

Abb. 20) Mögliche Zielquellen [2]

Die obige Grafik zeigt die unterschiedlichen Zielquellen für eine Mitarbeiter-Zielvereinbarung, im Hinblick auf zukünftige Gesprächsvorbereitungen der Mitarbeiter. Im Zusammenhang mit „Rapid Implementing“ verfolgen wir nur das Ziel der Unterstützung der operativen Ziele, um eine ganzheitlich zielgerichtete Organisation zu erreichen.

---

[1] Siegwart / Rieder, Controller-Leitfaden: Band 1, Teil 5, Kapitel 3, S.6

[2] Siegwart / Rieder, Controller-Leitfaden: Band 1, Teil 5, Kapitel 3, S.12

Bevor dieser Prozess eingeführt wird, müssen allerdings die strategischen und operativen Ziele eindeutig definiert, von der Geschäftsleitung akzeptiert und an die Belegschaft kommuniziert sein. Ebenso ist ein maßgeblicher Erfolgsfaktor, ob die Führungskräfte den Sinn und Zweck dieses Managementtools erkennen können und darin auch einen Nutzen sehen. Solange dies nicht der Fall ist, ist seitens der Geschäftsleitung noch primäre Überzeugungsarbeit zu leisten. Da es sich um ein sensibles und zwischenmenschliches Thema handelt, ist ein sorgsamer Umgang mit der Handhabung dieses Instruments äußerst wichtig. Es empfiehlt sich deshalb, bereits im Vorfeld, entsprechende Schulungen zum Thema „Führung durch Ziele" (Management by Objectives) für die Führungskräfte durchzuführen, damit sie mit Ihrer Überzeugungskraft auch die Mitarbeiter motivieren können.

Zehn motivierende Gründe um „Führung durch Ziele" (FdZ) einzusetzen

(vgl. Siegwart / Rieder, Controller-Leitfaden: Band 1, Teil 5, Kapitel 3, S.23 ff.)

1. FdZ bedeutet, Mehrwert auf jeder Führungsebene zu suchen und die Mitarbeiter effektiver, d.h. wirksamer, einzusetzen. Was die einzelne Person erarbeitet, wird so mehr wert.
2. Menschen suchen den Erfolg, FdZ unterstützt dieses Bedürfnis.
3. Man kann nicht erfolgreich sein, solange Erfolg nicht (als Ziel) definiert ist.
4. Ziele spritzen einer Arbeit Bedeutung und Sinn ein. Ohne diesen Sinn ist Arbeit eine Qual.
5. Erfolg bedarf in einer Organisation immer der Zusammenarbeit verschiedener Personen. Durch die Formulierung und die Bekanntgabe der Ziele funktioniert die Koordination besser.
6. FdZ verlangt, dass man sich ernsthaft mit der Zukunft auseinandersetzt. Dies wiederum führt zu einer positiven Einstellung zur Arbeit, zum Leben und zu sich selbst.
7. Das Erkennen von erreichten Resultaten motiviert zur Erreichung zukünftiger Ziele.
8. Ohne Ziele kann man nicht mit Selbstkontrolle arbeiten.
9. Werden Ziele im Voraus festgelegt, muss man nicht selbständig ängstlich überlegen, ob man seine Arbeit richtig macht; die Standards sind ja bekannt.
10. Mit Zielen kann man ein Gewinner werden. Ohne Ziele kann man nur versuchen, Verluste und Versagen abzuwehren.

6.4.4.1 Erstellen eines entsprechenden Prozessablaufes

Wie bereits erwähnt, sind vor Beginn von Zielvereinbarungen bereits die Jahresziele des Unternehmens zu bestimmen, da sie die Grundvoraussetzung für diesen Prozess sind.

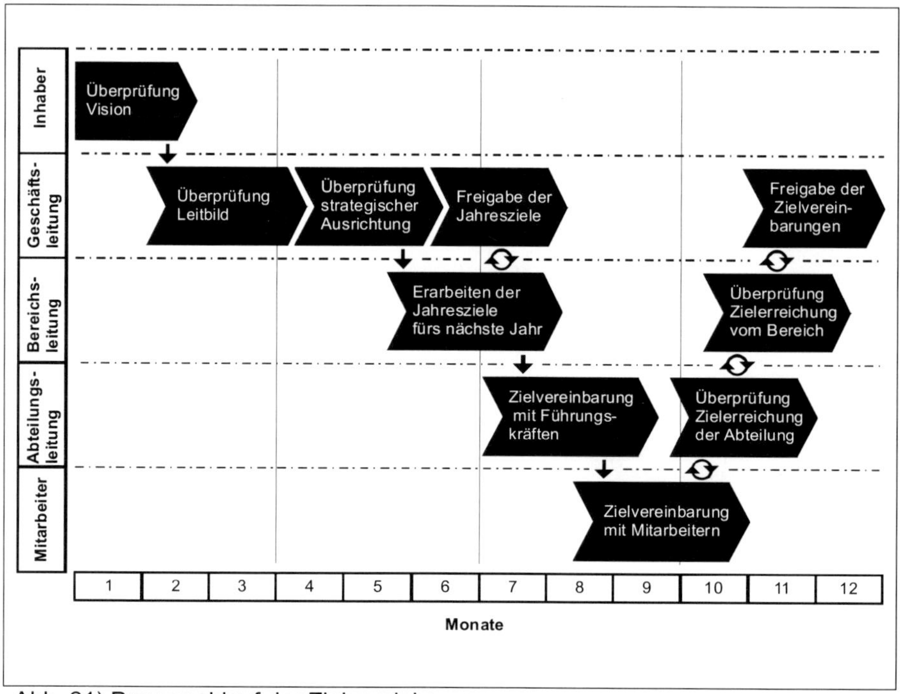

Abb. 21) Prozessablauf der Zielvereinbarung

Die obige Grafik bietet einen guten Überblick über den gesamten Prozessverlauf und zeigt die bereichsabhängigen Schnittstellen sowie den zeitlichen Verlauf. Aufgrund dieser vielen Schnittstellen und gegenseitigen Abhängigkeiten ist eine zentrale und objektive Verantwortung von Vorteil. Es soll eine der Aufgaben des Controllers sein, diesen Prozess zu verantworten und zu managen.

Obwohl im ersten Blick der Prozessverlauf aufwändig erscheint, wurde er wesentlich gegenüber der Definition im „Controller-Leitfaden“ von Siegwart und Rieder vereinfacht und effizienter gestaltet. Denn anhand der bereits definierten Bedingungen bei den Zielformulierungen erspart man sich den mühsamen Quercheck der gesetzten Maßnahmen, womit „sich bekämpfende" Maßnahmen eliminiert werden sollten. Dies ist bereits eine wesentliche Erleichterung, da wir im finalen Status bei dieser Firma von 360 Personen und je ungefähr vier Zielen pro Person sprechen! Siegwart und Rieder sprechen auch von einer „Erstellung der Gesamtplanung (Zusammenführung) durch den Controllerdienst", dessen Nutzen zu hinterfragen ist.

Stattdessen erfolgt in diesem Prozess keine Bottom-up-Zielverdichtung, sondern lediglich die klassische Top-down Weitergabe der Zielvorstellungen. Da die Jahresziele auf Bereichsleiterebene und nicht von der Geschäftsleitung definiert werden, ist die Akzeptanz der Durchführenden vorhanden mit der Meinung: „Das wird umgesetzt". Somit entfallen auch die finale Bottom-up-Zusammenführung, der Soll-Ist-Vergleich, die Korrektur der Jahresziele und die erneute Ausrollung Richtung Mitarbeiter. Ein jeweiliger Soll-Ist-Vergleich der erhaltenen Maßnahmenpakete zum Jahresziel des Vorgesetzten ist somit völlig ausreichend und bleibt auch übersichtlich! Wir verzichten auch auf die nachfolgende Splittung der einzelnen Maßnahmen in Monatsetappen, denn die fortlaufende Kontrolle und Führung der Mitarbeiter (= Controlling) hat die jeweilige Führungsperson in seiner eigenen Art und Weise zu übernehmen.

<u>Nachdem nun</u>

- der Sinn und Zweck erklärt,
- die kritischen Erfolgsfaktoren hervorgehoben,
- die wesentlichen Voraussetzungen (Schulung der Führungskräfte) definiert,
- der Prozess beschrieben und
- die Verantwortlichkeiten festgelegt

worden sind, fehlt noch das Formular für das Zielvereinbarungsgespräch.

Mitarbeiter-Zielvereinbarung	für das Jahr 20xx
Abteilung:	**Ziel Nr. x** (max. 5 Ziele)
Name:	**Personal-Nr. xxxx**

Welches Ziel des Vorgesetzten, wird unterstützt?	
Zielformulierung (Was? Wie viel? Bis Wann?)	
Maßnahmen (Wie wird das Ziel durch mein Handeln erreicht?)	
Voraussetzungen (die man selbst nicht beeinflussen kann)	
Woran kann man erkennen, wann das Ziel erreicht ist? (oder wie viel davon?)	
Mitarbeiter (Datum, Unterschrift)	**Vorgesetzter** (Datum, Unterschrift)
Abschließende Beurteilung der Zielerreichung (bei Jahresende)	

Beurteilung des Mitarbeiters	Beurteilung des Vorgesetzten
o übertroffen o erfüllt o teilweise erfüllt o nicht erfüllt	o übertroffen o erfüllt o teilweise erfüllt o nicht erfüllt
Anmerkung	**Anmerkung**
Mitarbeiter (Datum, Unterschrift)	**Vorgesetzter** (Datum, Unterschrift

Das Formular soll der Führungskraft einen Leitfaden für das Mitarbeitergespräch geben und eine fehlerfreie Zielformulierung gewährleisten. Dem Mitarbeiter bietet es durch die Unterschrift eine psychologische „Endgültigkeit“ und somit auch eine Verpflichtung der Zieleinhaltung. Während des Jahres dient es der Führungskraft als Controlling-Instrument zur Führung des Mitarbeiters, und am Jahresende bzw. fortlaufend kann damit der Zielerreichungsgrad festgehalten werden. Dieses Dokument ist natürlich auch für beide Personen ein tolles Argumentationshilfsmittel bei etwaigen Gehaltsverhandlungen.

6.4.4.2 Publizierung des neuen Führungsinstruments

Es sei an dieser Stelle nochmals darauf hingewiesen, dass eine Einführung der Mitarbeiter-Zielvereinbarung nur dann erfolgen darf, wenn sämtliche Führungskräfte dieses Instrument verstanden, den vielversprechenden Vorteil erkannt und die zugehörige Einschulung erhalten haben.

Um diesem wichtigen Führungsinstrument die erforderliche Gewichtung bei der Publizierung zu geben, ist die Präsentation an die Mitarbeiter von der Geschäftsleitung durchzuführen. Schließlich handelt es sich hierbei um das Bekenntnis eines Führungsstils des ganzen Unternehmens. Es ist dabei besonders viel Wert darauf zu legen, dass jeder einzelne Mitarbeiter seinen persönlichen Mehrwert in diesem Instrument sieht.

6.4.4.3 Einführung / Umsetzung der Mitarbeiter-Zielvereinbarung

Ganz im Sinne von „Rapid Implementing“ erfolgt die Ausrollung im ersten Schritt nur bis auf die Bereichsleiterebene. Erstens reicht diese praktische Übung aus, um den Prozess zu verstehen, und zweitens ist damit bereits das ganze Unternehmen nach der definierten Strategie ausgerichtet. Ein weiterer Vorteil ist die Überschaubarkeit der Personengruppe, um voraussichtliche Anfangsschwierigkeiten durch den Controller als Einzelperson bewältigen zu können.

Das Fehlen der Zielvereinbarung auf Abteilungs- und Mitarbeiterebene kann durch das zielorientierte Führen vom jeweiligen Bereichsleiter kompensiert werden, da seine Ziele ja definiert werden. Wenn der Prozess erst nach einem Jahr um die Abteilungsleiter und Mitarbeiter erweitert wird, entsteht der Vorteil, dass der Vorgesetzte bereits Erfahrungen sammeln konnte und eine Vorbildwirkung hat.

6.4.5 Aufbau eines „Management Information Systems“ (MIS)

Warum wir in diesem Buch von einem MIS sprechen, kommt ganz einfach daher, dass in einem EDV-unterstützten Unternehmen die verdichteten Unternehmenskennzahlen meistens nur über ein MIS zur Verfügung gestellt werden können. Liegen keine Massendaten vor, oder deckt das bestehende ERP-System diese Anforderungen ab, dann braucht es kein MIS!

Heutzutage werden sehr detaillierte Daten in ERP-Systemen aufgezeichnet, um sämtliche Geschäftsprozesse zurückverfolgen zu können. Was dabei unweigerlich verloren geht, ist der Überblick! Zudem kostet eine manuelle Verdichtung der Daten viel Zeit und kann wiederum nur außerhalb des Systems, zumeist mit Excel durchgeführt werden. Diese Prozesse sind aufgrund der Flexibilität solcher Tabellenkalkulationen sehr fehleranfällig, womit auch individuelle (falsche) Kennzahlen entstehen! Deshalb gibt es das MIS, um effiziente, aber vor allem auch qualitativ gute, Kennzahlen zu liefern. Ist es optimal eingerichtet, dann gilt der nicht ganz ernst gemeinte Spruch vom Autor:

„Was dem Kind die Spielkonsole, ist der Führungskraft ein gutes MIS.“

Mit diesem Satz soll auch auf die Eigenschaft verwiesen werden, dass Aktion und Reaktion (Kennzahldarstellung) unmittelbar aufeinanderfolgen müssen – erst dann erreicht man einen lenkenden Effekt.

Warum dem so ist, zeigt ein einfaches Beispiel:
Eine Person fährt in einem Auto, und der Tachometer zeigt den Durchschnittswert des Vortags an. Diese Information wird auf den Autorfahrer keinen lenkenden Einfluss haben, da sich damit eine eventuelle Geschwindigkeitsüberschreitung (Sollvorgabe) nicht feststellen lassen kann.

Eine Steuergröße muss so zeitnah wie möglich zur Verfügung stehen, um einen lenkenden Effekt zu erzielen.

Anforderungen an das MIS System:

- <u>Qualität</u>

  Es sollten nur geprüfte Daten im MIS verwendet werden.
- <u>Nachvollziehbarkeit</u>

  Die Datenherkunft und Berechnung muss für den Anwender auf derselben Software-Oberfläche nachvollziehbar sein, um das Vertrauen in die Daten herzustellen.
- <u>Komfort</u>

  Die Bedienbarkeit muss intuitiv sein und deshalb ohne Bedienungsanleitung auskommen. Die Systemoberfläche sollte einheitlich sein. Erforderliche Rand-Informationen sollen abrufbar sein.
- <u>Integration</u>

  Es soll der gesamte Unternehmensbereich abgebildet werden.
- <u>Detailierungsgrad</u>

  Das MIS darf nicht ein bestehendes ERP-System ersetzen. Es soll aber über Drill-Downs (mit Mausklick eine Detailebene tiefer) jenen Detailierungsgrad aufweisen, um einen raschen ERP-Einstieg für fortführende Analysen zu gewährleisten.
- <u>Aktualität</u>

  Wie bereits erwähnt, sollte die Verfügbarkeit aktueller Informationen so zeitnah wie möglich erfolgen.
- <u>Grafik</u>

  Gute Grafiken verschaffen einen raschen Überblick und sollten deshalb im MIS verstärkt eingesetzt werden.
- <u>Schnelligkeit</u>

  Die Daten sollten besonders bei interaktiven Oberflächen innerhalb kürzester Zeit (Sekunden) verfügbar sein.
- <u>Frühwarnsysteme</u>

  Die MIS-Oberflächen sollten Frühwarnsysteme zur jeweiligen Haupt-Kennzahl enthalten.
- <u>Prognosen</u>

  Um Vergleiche von Trends und Prognosen durchführen zu können, sollten vergangenheitsbasierte Hochrechnungen enthalten sein.

- <u>Kennzahlensystem</u>
  Die strategischen Unternehmensziele sollten im MIS ersichtlich sein, und die Sollvorgaben für die Bildung von Ampeldarstellungen verwendet werden.
- <u>Sicherheit</u>
  Das MIS präsentiert sämtliche Unternehmensdaten in höchst komprimierter Form, um sich in kürzester Zeit einen Überblick verschaffen zu können. Der Zugriff sollte deshalb besonders geschützt und der Zugriff über ein Berechtigungskonzept geregelt werden.

Aufbau eines MIS-Systems

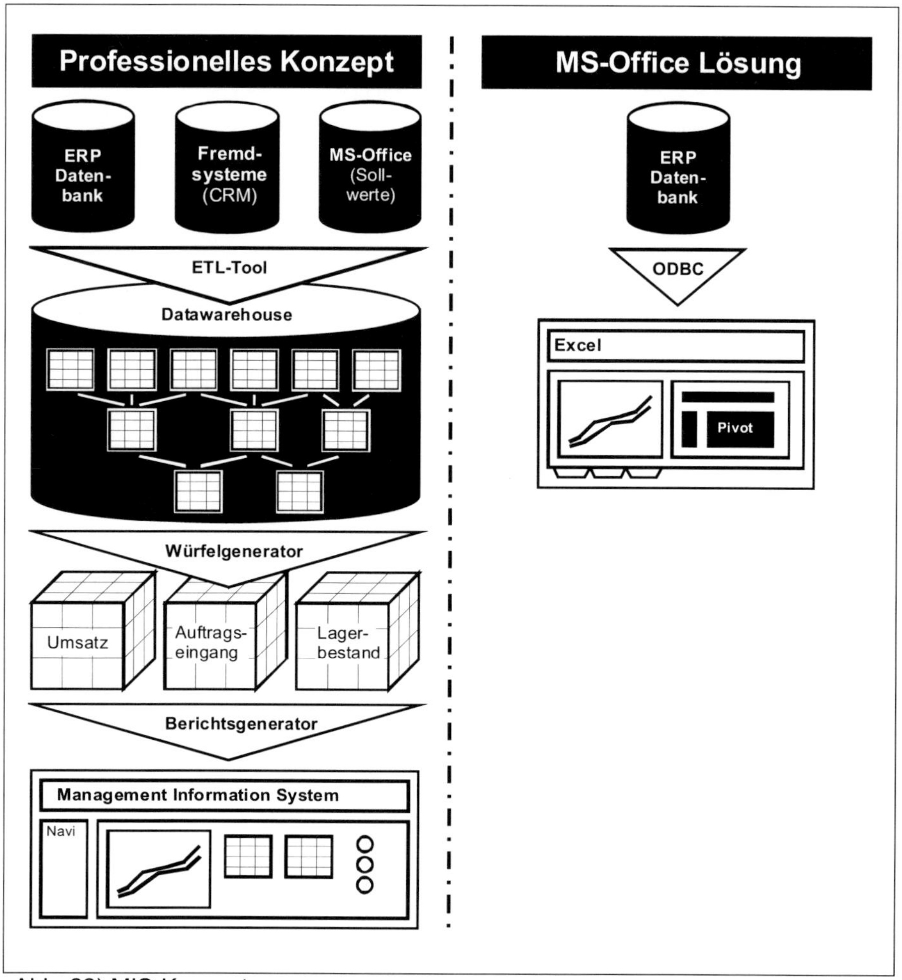

Abb. 22) MIS-Konzepte

In der obigen Grafik werden zwei MIS-Konzepte vorgestellt, wobei die professionelle Lösung auch von Cognos (führender MIS-Anbieter)" angewendet wird und die Office-Lösung unsere „Rapid Implementing"-Variante darstellt.

Professionelles Konzept

Als Datenquellen werden über das ETL-Tool (Extract, Transform, Load), unterschiedlichste Datenbanken in das Datawarehouse importiert. Hier erfolgen die Aufarbeitung, Filterung, Verdichtung und Anreicherung der Daten, um final alle erforderlichen Daten in einer großen Tabelle je Themengebiet abgelegt zu haben. Ein wesentlicher Qualitätsfaktor sind Plausibilitätsprüfungen der Daten, da manuelle fortlaufende Kontrollen durch das große Datenvolumen schlichtweg nicht mehr möglich sind. Wir befinden uns dabei immer noch im Datawarehouse, wo sämtliche Daten im tiefsten Detailierungsgrad abgelegt sind. Datenzugriffe auf diese Tabellen sind aufgrund des hohen Datenvolumens extrem langsam! Dieses Problem beseitigt der Würfelgenerator, der die Daten verdichtet und sämtliche möglichen Gruppierungsvarianten bereits im Vorfeld berechnet und im Würfel abspeichert. Man spricht hier in der Literatur auch von einem sogenannten OLAP-Würfel (Online Analytical Processing). Diesem schnellen Datenzugriff bedient sich der Berichtsgenerator, dessen Layout individuell dem Unternehmen angepasst werden kann und die Schnittstelle zum finalen Anwender darstellt. Das Ergebnis ist dann am Bildschirm ersichtlich.

MS-Office Lösung

Aber es geht auch schneller und kostet nichts! Genau im Sinne des „Rapid Implementing"-Gedankens benötigen wir eine einfache Lösung, um ein rasches Ergebnis zu erzielen. Allerdings kann bei dieser Variante nur eine Datenquelle verbunden werden, und auch Plausibilitätsprüfungen sind nicht möglich. Nichts desto trotz werden damit bereits gute Erfahrungen gesammelt, die vielleicht später in einem Grobkonzept für eine Profi-Lösung zweckdienlich sind.
Es existiert generell für jede Datenbank ein ODBC-Treiber, man muss dazu gegebenenfalls im Internet etwas länger recherchieren. Auf alle Fälle können damit im Excel auf einzelne Datenbanktabellen zugegriffen und direkt als Pivot-Tabellen visualisiert werden.

6.4.5.1 Zusammenfassen der Steuergrößen der Maßnahmenpakete

Wir verschaffen uns nun einen Überblick der Steuergrößen und Maßnahmen, um den Umfang und die Strukturierung vom MIS festlegen zu können. Dazu fassen wird die ermittelten Kenngrößen des Kapitels 6.4.3.3 zusammen:

Bereich	Strategie	Steuergröße	Datenquelle
Geschäftsleitung	Budgeteinhaltung und Erhöhung der Einnahmen	Budgetprozess bis zum dritten Quartal eingeführt?	keine
Vertrieb	Höhere Marktpräsenz	Wie viele Messtermine wurden eingehalten	Messe-Terminkalender des Vertriebs
Entwicklung	Nur Entwicklungsprojekte mit Zwei-Jahres-Amortisation	Soll-Ist-Vergleich der Projekt-Amortisation	ERP-System: - Umsatz - Artikelkalkulation
Produktion	Hochwertige Fertigungs-Hilfsmittel	Anzahl Fertigungsfehler pro Fertigungseinheit, aktuelle Fertigungszeit / letztjährige Fertigungszeit	ERP-System: - Fehlererfassung - Rückmeldung Werksaufträge
Finanzwesen	Reduktion der Lagerreichweite	Ist die Kennzahl im MIS und im Berichtswesen integriert? (Ja/Nein)	ERP-System: - Lagerbestand - Umsatz
Personalwesen	Abdeckung Marktbedürfnisse durch innovative Produkte	Ist die interne Karriereplanung bis zum Jahresende eingeführt? (Ja/Nein)	Keine

Im „kleinen" MIS verknüpfen wir die Daten nur mit dem ERP-System, d.h. dass wir Sollvorgaben anderweitig im Excel verfügbar machen müssen.

6.4.5.2 Ermittlung der erforderlichen Datenquellen im ERP-System

Anhand obiger Tabelle sind nun folgende Datenquellen über den ODBC-Treiber anzubinden:

- Fakturierte Kundenrechnungen
- Herstellkosten aus der Artikelkalkulation
- Interne Fehlererfassungsdaten
- Werksauftrags-Rückmeldungen (IST-Fertigungszeiten)
- Lagerbestände

6.4.5.3 Erstellen einer datenbankunterstützten Microsoft-Office Auswertung

Beim Anbinden von ERP-Datenbanktabellen sei vermerkt, dass diese Tabellen zumeist Teil einer relationalen Datenbank sind. Das bedeutet leider, dass Definitionen wie Artikelbezeichnung oder Kundenname nur in einer einzigen Stammdaten-Tabelle vorkommen. Deshalb ist bei den Bewegungsdaten, wie z.B. bei der Umsatztabelle, nur die Artikel- und Kunden-Nummer vorhanden, die Bezeichnungen selbst werden im ERP-System zu den Stammdaten nur referenziert! Es ist somit beim Anbinden von Bewegungsdaten (Tabellen) die eindeutige Information wie Artikel- und Kundennummer vorhanden, aber es fehlt die komfortable zugehörige Bezeichnung. **Auf diesen Komfort werden wir im ersten Schritt verzichten.** Excel-Experten oder SQL-Programmierern (Structured Query Language) sei an dieser Stelle gesagt, dass im Excel sehr wohl die Möglichkeit besteht, eine „Relationale Datenstruktur“ im MS-Query auch in Skriptform aufzubauen.

Datenbank-Bezeichnungen ermitteln

Als nächsten Schritt sind vom ERP-Administrator die Tabellennamen der obigen Datenquellen zu erfragen. Die Datenbankfelder selbst sollten in der Regel selbstsprechend sein, ansonsten sind auch hierzu die Informationen zu besorgen.

ODBC-Treiber installieren

Am besten installiert die EDV-Abteilung den erforderlichen ODBC-Treiber auf dem Rechner.

Datenverbindung via Excel-Pivot herstellen

Im Excel kann über ein paar Mausklicks eine ONLINE-Datenbankverbindung zum ERP-System hergestellt werden (für Excel 2010):

- Menü: Einfügen > PivotTabelle
- Externe Datenquelle verwenden > Verbindung auswählen
- Nach weiteren Elementen suchen
- Neue Quelle
- Entsprechenden ODBC-Treiber auswählen (muss vorher installiert sein)
- Weiter (ist treiberabhängig ...den Anweisungen folgen)
- Entsprechende Tabelle auswählen
- Weiter
- Fertigstellen

Mit dieser Tabelle existiert nun eine Kopiervorlage für vorgefertigte Analyse-Darstellungen. Wenn dazu die Pivot-Tabellen mit Grafiken verknüpft werden und die Tabellenblätter geschickt strukturiert und über Schaltflächen verlinkt sind, erhalten wir ein kleines MIS!

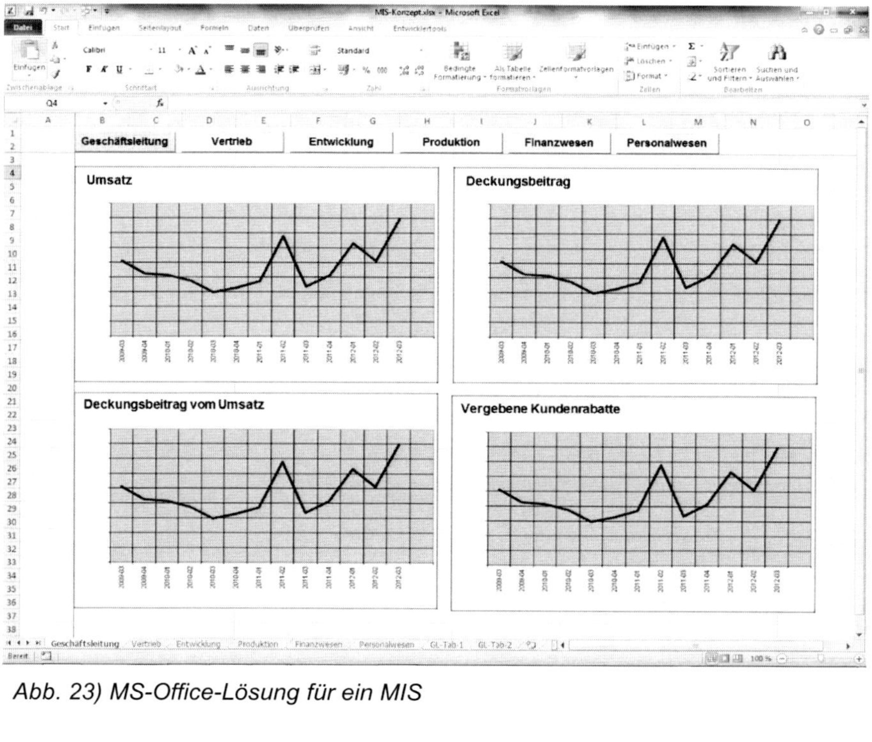

Abb. 23) MS-Office-Lösung für ein MIS

Umsetzung im Excel:

Mit der nächsten Anleitung erhalten wir ein MIS

- mit komfortabler Bedienbarkeit
- mit grafischen Darstellungen
- mit einem Klick eine Umschaltung auf Tabellenansicht
- mit Drill down auf den einzelnen Datensatz
- mit konsistenten, nicht manipulierbaren Daten direkt aus dem ERP-System
- mit jederzeit aktualisierbaren Daten

Mit der folgenden Anleitung soll demonstriert werden, wie detailreich das „Rapid Implementing Handbuch“ sein kann, um rasch zu einem Ergebnis zu gelangen.

Schritt-für-Schritt-Anleitung

- Register anlegen (jeweils Bereichs- und Tabellen-Register)
- Pivot-Vorlage in jedes Tabellen-Register kopieren
- Gewünschte Pivot mit zeitgleicher Pivot-Grafik konfigurieren
- Datumsfelder mittels „Optionen > Gruppenfeld“ zusammenführen
- Pivot-Grafik in Bereichs-Register (z.B. Geschäftsleitung) verschieben
- Grafik und Tabellenregister via Makro und [Retour] Schaltfläche verlinken
- Bereichs-Schaltflächen (Vertrieb, Produktion...) via Makros verlinken
- Fenster so einfrieren (fixieren), damit Schaltflächen immer sichtbar bleiben
- Obige Details je Bereich durchführen

Mit der rechten Maustaste und „Aktualisieren“ erfolgt ein Zugriff via Login-Anmeldung auf die ERP-Datenbank, und sämtliche Pivot-Tabellen werden damit aktualisiert. Mit Klick auf die Bereichs-Schaltflächen kann zwischen den einzelnen Bereichs-Übersichten (grafische Zusammenfassungen) gewechselt werden. Mit Klick auf die Grafik gelangt man zum entsprechenden Tabellenblatt, wo sich die zugehörige Pivot-Tabelle (Daten) befindet. Mit einem Doppelklick in eine Datenbereichs-Zelle der Pivot-Tabelle, wird ein neues Tabellenblatt erstellt und die zugehörigen Datensätze werden vollständig aufgelistet (Drill down).

Wichtig

Die Aussagekraft von Kennzahlen steigt massiv, wenn deren Verlauf ersichtlich ist! Der Trend vermittelt die aktuelle Situation besser als ein absoluter Wert. Wir wählen deshalb auf der X-Achse immer das Datenbankfeld mit der Zeitangabe (Tag, Monat, Quartal oder Jahre).

6.4.6 Erstellen eines internen Berichtswesens

Für eine einfache Erklärung des Sinns und Zwecks eines internen Berichtswesen, verwenden wir einen pragmatischen Ansatz wie folgt:

Berichtszweck

Ein Bericht soll Informationen transportieren und damit eine Entscheidung auslösen. Wirksame Entscheidungen können nur im eigenen Einflussbereich des Unternehmens getroffen werden. Um aus übermittelten Informationen eine Entscheidung treffen zu können, bedarf es Entscheidungskriterien. (Was ist gut? Was ist schlecht?). Ein kontinuierliches und nachvollziehbares Entscheidungskriterium ist die Definition eines Sollwerts bzw. Sollbereichs. Die Erstellung solcher zielgerichteten Sollwerte beginnt bei der Definition von Unternehmensstrategien und endet bei den einzelnen Maßnahmen und deren Steuergrößen. Wir erhalten somit folgende abgeleitete Erkenntnis:

Der Sinn und Zweck des internen Berichtswesens ist die Vermittlung des Zielerreichungsgrades des Berichtsempfängers.

Das bedeutet im Gegensatz dazu, dass:

Berichtsinformationen, denen keine Zielsetzung zugrunde liegt, erfüllen keinen wirksamen Zweck für das Unternehmen, da sie keinerlei Reaktionen auslösen.

Diese Definition soll im Sinne des „Rapid Implementing“ eine Berichtsflut vermeiden und den Fokus auf das Wesentliche lenken. Der Autor ist sich dabei bewusst, dass sich diese Erklärung nicht mit den literarischen und seitenfüllenden Ausführungen deckt, aber in diesem Falle erfüllt sie den Zweck.

6.4.6.1 Definition des Berichtsinhaltes

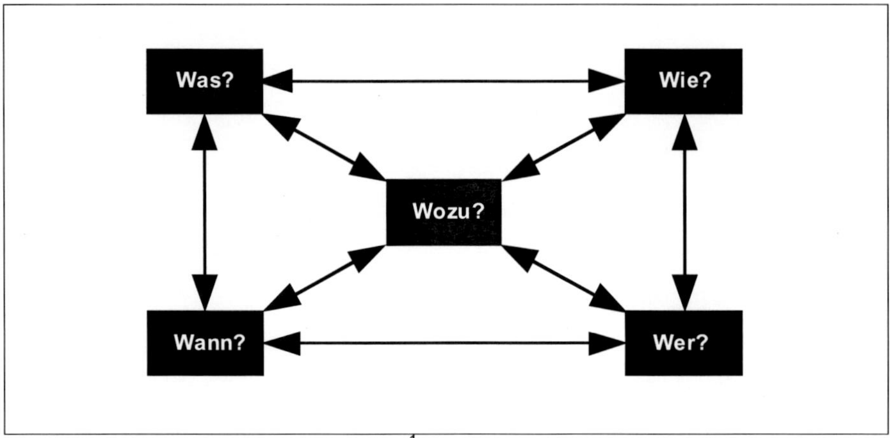

Abb. 24) Fragen zum Berichtsaufbau [1]

Aus dem bereits definierten Berichtszweck geht unweigerlich der Berichtsinhalt hervor. Es werden nur Steuergrößen vermittelt, die mit Sollvorgaben behaftet sind. Sollte die Geschäftsleitung zu einem späteren Zeitpunkt diese Definition aufweichen, dann würde die Beantwortung obiger Fragen zur Fokussierung hilfreich sein.

[1] Ziegenbein, Controlling, S. 508

Im Sinne von „Rapid Implementing" befassen wir uns mit jenen Zielen und Steuergrößen, die im Kapitel 6.4.3.3 definiert worden sind.

Bereich	Strategie	Ziel	Steuergröße
Geschäftsleitung	Budgeteinhaltung und Erhöhung der Einnahmen	Budgetprozess bis zum dritten Quartal eingeführt?	Eingeführt (Ja/Nein)?
Vertrieb	Höhere Marktpräsenz	Die zehn wichtigsten Messen vom Hauptmarkt besuchen	Anzahl besuchter Messen.
Entwicklung	Nur Entwicklungsprojekte mit Zwei-Jahres-Amortisation	Amortisationszeit von Projekten darf zwei Jahre nicht überschreiten	- Soll-Ist-Vergleich der Projekt-Amortisation
Produktion	Hochwertige Fertigungs-Hilfsmittel	Fertigungsfehler um 10% verringern	Anzahl Fertigungsfehler pro Fertigungseinheit
		durchschnittliche Fertigungszeiten um 5% reduzieren	aktuelle Fertigungszeit / letztjährige Fertigungszeit
Finanzwesen	Reduktion der Lagerreichweite	Bestände im MIS und Berichtswesen implementieren	Kennzahlen im MIS und im Berichtswesen verfügbar? (Ja/Nein)
Personalwesen	Abdeckung Marktbedürfnisse durch innovative Produkte	Weiterbildungsplanung im Bereich Entwicklung einführen.	Ist der interne Weiterbildungsplan eingeführt? (Ja/Nein)

6.4.6.2 <u>Aufbau des Berichts</u>

Wir erinnern an dieser Stelle nochmals an den Berichtszweck und die Vermittlung des Zielerreichungsgrades. Vermitteln bedeutet, dass die Information beim Empfänger <u>ankommen</u> muss! Der Bericht muss also <u>gelesen</u> und <u>verstanden</u> werden.

Das heißt, der Berichtsempfänger muss neugierig auf den Bericht sein, was vor allem mit kurzen, übersichtlichen und grafisch untermalten Berichten erreicht werden kann.

Controller-Wochenbericht	**Produktion**	**KW32/2012**

Durchschnittliche Fertigungszeit

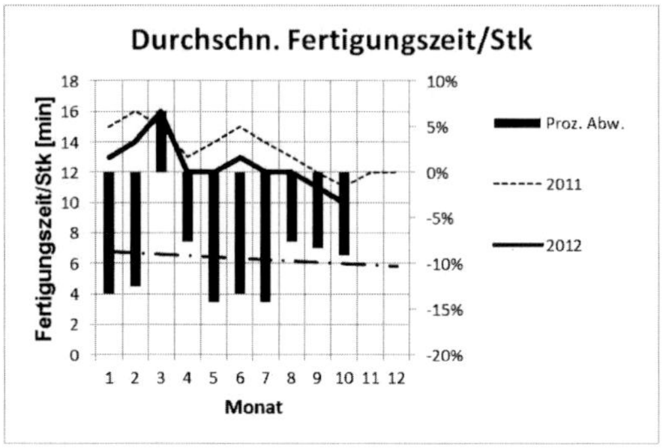

Monat	2011	2012	Proz. Abw.
1	15	13	-13%
2	16	14	-13%
3	15	16	7%
4	13	12	-8%
5	14	12	-14%
6	15	13	-13%
7	14	12	-14%
8	13	12	-8%
9	12	11	-8%
10	11	10	-9%
11	12		
12	12		

Frühwarnung

Nicht definiert

Sollvorgabe	**Zielerreichung**
Reduktion um **5%** gegenüber dem Vorjahr	● ○ ○

Controller - Kommentar

Hier stünde die Stellungnahme des Controllers mit kurzer Begründung bei Abweichungen.

Hier stünde die nächsten Steuergröße

...

Datum:

Autor:

Verteiler:

Dieser Bericht enthält alle wesentlichen Elemente und erlaubt sogar eine Jahresprognose anhand der Linearen in der Grafik.

6.4.6.3 Einführen des internen Berichtswesens

In der Annahme, dass die Geschäftsleitung die Einführung des internen Berichtswesens unterstützt und den Berichtsaufbau absegnet, steht eigentlich einer Einführung nichts mehr im Wege:

- Der Inhalt ist klar definiert.
- Der Sinn und Zweck kommuniziert.
- Und der Nutzen wird von den Berichtsempfängern verstanden.

Es fehlt im Prinzip nur noch die Umsetzung, welche vom Controller durchzuführen ist. Er ist verantwortlich, dass die Berichte je Bereich erstellt und periodisch aktualisiert und übermittelt werden.

6.5 Projekt-Abschluss

6.5.1 Abschlussbericht und Projekt-Abnahme

Beim Abschlussbericht werden die anfänglichen Projekt-Ziele nochmals aufgelistet und mit Statusinformationen vom Projekt-Leiter ergänzt, um eine Projekt-Abnahme seitens des Auftragsgebers, der Geschäftsleitung, zu erhalten (siehe Kapitel 6.2.1).

Einführung einer neuen Abteilung „Controller Services“

- Es wurde die Abteilung als Stabstelle der Geschäftsführung positioniert.
- Es wurde eine Stellenbeschreibung für den Controller erstellt.
- Die Stelle wurde mit einer Person besetzt.
- Die neue Abteilung wurde im Unternehmen publiziert.

Festlegen der Unternehmensstrategie

- Es wurden der Nutzen und die Zusammenhänge erläutert.
- Es wurde die Unternehmens-Vision schriftlich festgehalten.
- Es wurde die gelebte Unternehmensstrategie schriftlich festgehalten.
- Es wurde ein Leitbild erstellt, welche das komplette Unternehmen betrifft.

Ableiten der Jahresziele, Maßnahmen und Steuergrößen je Bereichsleiter

- Es wurde ein Brainstorming für die Zielfindung durchgeführt.
- Es wurde daraus jeweils ein Jahresziel je Unternehmensbereich gewählt.
- Diese Jahresziele wurden ausformuliert.
- Es wurde je Ziel eine mögliche Maßnahme fixiert und mit einer Steuergröße messbar gemacht.

Einführen von Mitarbeiter-Zielvereinbarungen

- Es wurden die Vorteile vermittelt und zweckdienliche Argumente aufgelistet.
- Es wurde ein höchst effizienter Prozessablauf skizziert.
- Es wurde ein Formular für die Mitarbeiter-Zielvereinbarung erstellt.
- Dieses neue Führungsinstrument wurde publiziert.
- Die Zielvereinbarungsgespräche wurden bis auf die Bereichsleiterebene durchgeführt.

Aufbau eines „Management Information Systems“ (MIS)

- Es wurden wichtige Qualitätskriterien plausibel erklärt.
- Die Anforderungen an ein gutes MIS wurden umfangreich aufgelistet.
- Es wurde ein professionelles Konzept vorgestellt und einer MS-Office Lösung gegenübergestellt.
- Es wurden erforderliche Datenquellen im ERP-System erfasst.
- Es wurde Schritt für Schritt eine MS-Office MIS installiert, wo von jedem Unternehmensbereich mit Mausklick deren Kennzahlen übersichtlich präsentiert werden.

Erstellen eines internen Berichtswesens

- Es wurden wichtige Hinweise zum internen Berichtswesen vermittelt, die eine höchst effiziente Umsetzung auch in der Zukunft garantieren.
- Es wurde ein zielorientierter Berichtsinhalt mit Fokus auf das Wesentliche festgelegt.
- Der Berichtsaufbau wurde anhand eines Beispielberichts aufgezeigt und von der Geschäftsleitung freigegeben.
- Die Berichte wurden je Bereich erstellt und werden vom Controller periodisch aktualisiert und verteilt.

Fazit:

Sämtliche Zielvorgaben sind erfüllt.

6.5.2 Abschlusspräsentation

Es ist wichtig, dass ein solch phänomenales Ergebnis im Unternehmen auch dementsprechend präsentiert wird. Eine gute Präsentation garantiert dem Projekt-Leiter (Controller) mitunter ein weiteres interessantes Projekt oder wirkt sich positiv auf das Gehalt aus!

6.5.3 Auflösung des Projekt-Teams

Nach Abnahme des Projekts durch die Geschäftsleitung ist das Projekt beendet und ein Projekt-Team nicht mehr erforderlich. Ein erfolgreiches Projekt sollte an dieser Stelle auch ordentlich gefeiert werden. Dies bietet für den Projekt-Leiter die Möglichkeit, sich beim Projekt-Team zu bedanken und in lockerer Atmosphäre Positives wie auch Negatives über den Projekt-Verlauf zu erfahren. Es bietet auch eine gute Gelegenheit, eventuelle angestaute zwischenmenschliche Differenzen wieder zu bereinigen.

7. Zusammenfassung

Vieles wurde aufgezeigt, definiert, beschrieben und grafisch dargestellt, aber was sind die Erkenntnis und der Mehrwert dieser Studie und wurde das Ziel erreicht? Wir wollen uns deshalb das Ziel (siehe 3.3.2) nochmals vor Augen führen:

Das Ziel dieser Studie ist die Beschreibung der erfolgreichen Implementierung von Controlling inklusive einer neuen Abteilung „Controller Services". Dabei soll mit der selbst entwickelten Methode „Rapid Implementing" die Einführungsdauer auf 1/5 reduziert und trotzdem ein Umfang von 80% erreicht werden. Das heißt konkret, dass nach zehn Wochen das Controlling eingeführt sein soll, wobei das Projektteam mit nur 4 Stunden je Wochen belastet werden darf (Projektleitung ausgenommen).

Wurde das Controlling inkl. einer neuen Abteilung „Controller Services" erfolgreich implementiert?

Laut Projekt-Abschlussbericht (siehe 6.5.1) wurden folgende Punkte erfolgreich abgeschlossen:

- Einführung einer neuen Abteilung „Controller Services"
- Festlegung der Unternehmensstrategie
- Ableiten der Jahresziele, Maßnahmen und Steuergrößen je Bereichsleiter
- Einführen von Mitarbeiter-Zielvereinbarungen
- Aufbau eines „Management Information Systems" (MIS)
- Erstellen eines internen Berichtswesens

Alle aufgezählten Teilschritte wurden in diesem Buch detailliert beschrieben, und es wurde versucht, die jeweiligen Umsetzungen plausibel zu erklären.

Es gilt deshalb die Behauptung des Autors, dass somit der erste Teil des Ziels erreicht wurde.

Wie wurde dieses Ziel erreicht?

Betrachtet man den Umfang obiger Punkte, so erkennt der Fachkundige einen sehr breiten Prozessumfang eines Unternehmens. Schon allein dessen Beschreibung ist in 100 Seiten kaum zu bewältigen. Auch deshalb hat sich der Autor auf einen neuen Begriff eingelassen, der dem Leser ein kurzes und nur auf das Wesentliche fokussierte Werk in die Hände geben soll, dem **„Rapid Implementing Handbuch"**. Dessen Aufgabe ist es, einen vollumfänglichen Überblick des einzuführenden Prozesses zu verschaffen, wozu oft mehrere Fachbücher erforderlich sind. Zudem baut es auf Erfahrungen auf und unterstützt den Leser mit vielen praktischen Tipps. Die Existenz solcher pragmatischen Werke ist dem Autor bis dato unbekannt, weshalb er sich hiermit für eine Verbreitung einsetzt.

Viele Fragen sind beim Thema „**Rapid Implementing**" aufgetaucht, und es bleibt beim Autor eine gewisse Unsicherheit, ob sich diese revolutionäre Methode in Zukunft bewähren wird. Auf alle Fälle war erstaunlich, dass mit dieser Methode sämtliche Controller und Controlling-Themen in diesem Seitenumfang erklärt und auch mit einem praktischen Beispiel untermauert werden konnten.
In gewisser Hinsicht löst die starke Reduktion des Prozessumfanges ein großes Unbehagen aus, da wir bis dato im Projekt-Management eher Perfektionismus als Pragmatismus gewohnt sind. Einen Beleg dafür findet man im Internet, wo Projekt-Phasen-Übersichten mit über 100 Gliederungspunkten vorzufinden sind. Da diese Methode aber nur für die Einführung neuer Themen da ist, löst sich dieses Unbehagen in Wohlgefallen auf.

Ein weiterer, wesentlicher Höhepunkt des „Rapid Implementing" ist die **Kammtheorie**, die im Zuge dieser Studie vom Autor selbst entwickelt wurde. Sie erlaubt anhand einer einfachen Methode die Fokussierung auf die wesentlichen Prozesse, ohne dabei den Prozessumfang oder die Prozesstiefe zu beschneiden.

Konnte die Einführungsdauer auf 1/5 reduziert werden?

Dass eine Zeitreduktion erzielt wurde, steht wohl außer Frage, da der Einführungsumfang wesentlich reduziert wurde, aber wie lässt sich dies quantitativ belegen?

	mit „Rapid Implementing“		ohne „Rapid Implementing"	
Meilensteine	**Aufwand [h]**	**Umfang**	**Umfang**	**Aufwand [h]**
Einführung neuer Abteilung	**36,5**	1 Abteilung	1 Abteilung	**36,5**
Unternehmens-strategie	**67,0**	5 Strategien	Mindestens 10 Strategien	**134**
Ziele, Maßnahmen, Steuergrößen	**27,5**	6 Ziele 6 Maßnahmen 6 Steuergrößen	Bei drei stufiger Hierarchie mit je drei Zielen ergibt das: 54 Ziele u. Unterziele 54 Maßnahmen 54 Steuergrößen	**247,5**
Mitarbeiterziel-Vereinbarung	**58,5**	5 Mitarbeiter-Zielvereinbarungen	360 Mitarbeiter = 360 Zielvereinbarungen	**526,5**
MIS	**58,0**	6 Bereiche mit einem Thema	6 Bereiche 18 Abteilungen 54 Soll-Ist-Vergleiche	**522,0**
Internes Berichtswesen	**29,5**	6 Berichte mit je einer Seite	18 Berichte (je Abteilungen) mit 3x mehr Umfang als beim „Rapid Implementing“	**265,5**
Projekt-Abschluss	**26,5**	1 Projekt	1 Projekt	**26,5**
Summe	**303,5**			**1.758,5**

Wenn nur der mengenmäßige Unterschied 1:1 hochgerechnet wird, erreichen wir einen Aufwandsanteil von: 303,50 / 1.758,5 x 100% = **17%**. Dieser Zahl kann man nun das Vertrauen schenken oder nicht. Noch nicht berücksichtigt sind allerdings die vorgelagerten Prozesse des klassischen Projekt-Managements wie „Vision" und „Definition" (siehe Abb. 5). Zudem ist noch die effizientere Einführungsmethode beim „Rapid Implementing" zu erwähnen, da alle Prozesse bereits vordefiniert sind und vorgefertigte Hilfsmittel zur Verfügung stehen.

Gesamthaft betrachtet entsteht nun durchaus das Gefühl, dass mit „Rapid Implementing" der Aufwand um 80% reduziert werden kann.

Konnten 80% vom Controlling-Umfang eingeführt werden?

Um den 80%-Umfang bewerten zu können, listen wir zuerst einmal alle Themen auf und ermitteln den 100%-Erfüllungsgrad. Vom Pareto-Prinzip her wissen wir, dass mit den wesentlichsten 20% Themen auch eine 80%-Zielerreichung erreicht werden kann. Da wir dieses Prinzip bei der Einführung bedacht haben, sind wir somit auf der Suche nach diesen 20%.

Pareto-Prinzip (80/20-Regel)	100%	**20%**
Einführung einer neuen Abteilung	1 Abteilung	**1 Abteilung**
Unternehmensstrategie	10	**2**
Ziele, Maßnahmen, Steuergrößen	54	**11**
Mitarbeiterziel-Vereinbarung	360 Mitarbeiter mit je 3 Zielen = 1080	**216**
MIS	6 Bereiche mit je 3 Zielen = 18 Soll-Ist Vergleiche	**4 Soll-Ist-Vergleiche**
Internes Berichtswesen	18 Berichte x 3 Seiten = 54 Seiten	**11 Seiten**

Anhand obiger Vorgabe ermitteln wir nun den Zielerreichungsgrad. Dieses Ergebnis wird über alle Projektphasen gewichtet, womit wir den finalen Zielerreichungsgrad erhalten.

Zielerreichung	20%	realisiert	Ziel-erreich-ung	Gewicht-ung	**Finale Ziel-erreich-ung**
Einführung einer neuen Abteilung	1 Abteilung	1	100,0%	20%	**20%**
Unternehmens-Strategie	2 Strategien	5	100,0%	30%	**30%**
Ziele, Maßnahmen, Steuergrößen	11 Ziele	6	54,5%	20%	**10,9%**
Mitarbeiterziel-Vereinbarung	216 Verein-bar-ungen	5	2,3%	10%	**0,2%**
MIS	4 Soll-Ist-Vergleiche	6	100,0%	15%	**15,0%**
Internes Berichts-wesen	11 Seiten	6	54,5%	5%	**2,7%**
Zielerreichung				100%	**78,8%**

Da die Gewichtung selbst vom Empfinden des Autors stammt, ohne vorher das Ergebnis zu kennen, überrascht das Ergebnis mit 78,8% selbst den Autor. Die hypothetischen fehlenden 1,2% zum 80% Ergebnis sind an dieser Stelle vernachlässigbar klein.

Damit ist auch die Zielerreichung von 80% zumindest nachvollziehbar belegt.

Falls später ein größerer Umfang erreicht werden soll, müssten die Mitarbeiterzielvereinbarungen ausgeweitet werden, die hier aufgrund der Kammtheorie stark eingeschränkt wurden.

Wurde der Zeitrahmen von zehn Wochen eingehalten und das Projektteam nicht über die vier Stunden pro Woche belastet?

Die Antwort wurde bereits mit der Ressourcen- und Terminplanung unter Kapitel 6.3.4 beschrieben. Da dieser Terminplan aus dem „Rapid Implementing Handbuch“ stammt, welches auf Basis von Erfahrungswerten entstanden ist, gibt es keinen plausiblen Grund, dass dieser Plan nicht eingehalten worden ist. Theoretisch ist auch noch einiges an Reserven des Projekt-Teams verfügbar, da diese nur mit vier Stunden je Woche belastet wurden. Es gilt somit die Behauptung des Autors:

Der Zeitrahmen wurde mit den verfügbaren Ressourcenvorgaben eingehalten

Abschließend lässt sich folgende Erkenntnis in einem Satz zusammenfassen.

Mittels „Rapid Implementing“ konnte das Controlling umfangreich und sehr einfach eingeführt werden, und es ist eine äußerst effiziente Methode bei Einführungsprojekten inkl. großem Praxisbezug.

8. Literaturverzeichnis

Bücher, Skripte:

Gausemeier / Fink / Schlake: Szenario-Management, 2. Auflage, München 1996

Meise Volker: Ordnungsrahmen zur prozessorientierten Organisationsgestaltung, Modelle für das Management komplexer Reorganisationsprojekte, Hamburg 2001

H. Siegwart / L. Rieder: Controller-Leitfaden, Handbuch für ein Wirksames Controlling und eine effektive Controllertätigkeit vom Controller Zentrum St. Gallen, Zürich 2002 (Siegwart / Rieder, Controllerleitfaden)

J. Becker / M. Kugeler / M. Rosemann: Prozessmanagement, Ein Leitfaden zur prozessorientierten Organisationsgestaltung, 4. Auflage, Berlin 2003 (Becker / Kugeler / Rosemann, Prozessmanagement)

K. Ziegenbein: Controlling, 8. Auflage, Leipzig 2004 (Ziegenbein: Controlling)

H. Ehrmann: Unternehmensplanung, 4. Auflage, Leipzig 2002 (Ehrmann: Unternehmensplanung)

C. W. Gerberich: Seminarunterlagen zu „Unternehmensführung mit Kennzahlen", München 2010 (Gerberich, Unternehmensführung mit Kennzahlen)

H. Rahn: Unternehmensführung, 5. Auflage, Leipzig 2002 (Rahn, Unternehmensführung)